"文化旅游：绍兴故事新编"丛书

绍兴名镇

朱文斌　何俊杰 主编

余晓栋　丁晓洋　张书娟 副主编

浙江工商大学出版社
ZHEJIANG GONGSHANG UNIVERSITY PRESS
·杭州·

图书在版编目（CIP）数据

绍兴名镇 / 朱文斌，何俊杰主编. — 杭州：浙江
工商大学出版社，2023.3
（"文化旅游：绍兴故事新编"丛书；4）
ISBN 978-7-5178-4814-1

Ⅰ.①绍… Ⅱ.①朱… ②何… Ⅲ.①乡镇—概况—
绍兴 Ⅳ.①K925.55

中国版本图书馆CIP数据核字（2022）第010063号

绍兴名镇
SHAOXING MING ZHEN

朱文斌　　何俊杰　主编

出 品 人	郑英龙
策划编辑	任晓燕
责任编辑	张晶晶
责任校对	韩新严
封面设计	屈　皓　马圣燕
责任印制	包建辉
出版发行	浙江工商大学出版社
	（杭州市教工路198号　邮政编码310012）
	（E-mail：zjgsupress@163.com）
	（网址：http://www.zjgsupress.com）
	电话：0571-88904980，88831806（传真）
排　　版	杭州彩地电脑图文有限公司
印　　刷	杭州宏雅印刷有限公司
开　　本	880 mm × 1230 mm　1/32
印　　张	44
字　　数	460千
版印次	2023年3月第1版　2023年3月第1次印刷
书　　号	ISBN 978-7-5178-4814-1
定　　价	228.00元（全9册）

序言。

　　文旅融合、重塑城市文化体系，核心是激活、转化、创新文化资源与文旅产业，形成色彩斑斓、各具特色、生动活泼的文化旅游大格局，而讲好绍兴故事、传播好绍兴声音必然意义非凡。

　　由浙江越秀外国语学院、浙江传媒学院组织编纂的这套"文化旅游：绍兴故事新编"，是面向广大青少年和游客的系列普及丛书。书中通过民间故事、历史逸事、神话传说等角度取材编写，系统地向大家介绍了与绍兴有关的越中名人、历史文化、名川大山、江河湖泊、千年古桥、黄酒、越茶名寺、古镇古村、名楼名阁等九大方面故事，从

多种维度书写了绍兴城市独特的历史芳华，浓缩了古越大地的千年文脉意象，使之成了为广大青少年和来绍兴的游客解码绍兴城市历史文脉的一把钥匙和引领他们漫溯古越文化的一艘时光乌篷。

丛书中的故事通俗易懂、情节跌宕起伏、语言优美生动，既有历史的维度，又有文化的内涵，每个专题在用多个故事还原绍兴历史文化的同时，对绍兴大地的风物、地

貌、人文、历史等方面都进行了故事性的直观描述和清晰解读。在这本书里，绍兴已不仅仅是一个停留在人们头脑里的地域性存在和耳朵中听闻的故事叙述的空间，而是变成了一个向广大青少年和游客诠释、展示和输送绍兴整座城市精神、气质、品格的重要平台。我想，这部丛书的出版对于广大青少年和游客应该可以产生三个层面的积极影响：

一是使广大年轻人更加了解绍兴故事和感知绍兴文化。丛书中大量吸引人、感染人的故事情节和故事事实，可以使年轻人更加了解素称"文物之邦、鱼米之乡"的绍兴是"山有金木鸟兽之殷，水有鱼盐珠蚌之饶，物有种养工贸之丰，城有山水人文之绝"的；同时使年轻人更加深刻地感知到灵光四射的越中历史文化，体悟到延绵不绝的绍兴人文思想，并让这种深厚的历史文化与风土人情形成持续的吸引力与影响力，熏陶、浸润和教化一批又一批的年轻人。

二是使广大年轻人更加热爱绍兴故事和敬仰绍兴文化。

让广大年轻人在了解绍兴故事和感知绍兴文化的基础上，更加充分地了解到，在绍兴这片古老的大地上，一万年前就有于越先民繁衍生息，中华民族的人文始祖在这里开天辟地，灿若星辰的先贤名士在这里挥洒才情；感知到，从越国都城到秦汉名郡，从魏晋风流到隋唐诗路，从南宋驻跸到明清士都，从民国峻骨到新中国名城，绍兴先民在古越大地演绎了荡气回肠的侠骨柔情和续写了延绵不断的千年文脉，使年轻人发自肺腑地生出热爱绍兴故事的人文情怀和敬仰绍兴文脉的文化凝聚力。

三是使广大年轻人积极传播绍兴故事和弘扬绍兴文化。当广大年轻人对绍兴故事和绍兴文化产生强烈的人文情怀和较强的文化敬仰之情时，他们就会自然而然地将绍兴文化中的人文精髓植入并内化到自己的生活、学习之中，并会自觉向更多的人讲述他们眼中的绍兴故事、文化特色和人文情怀，并能够积极地将那种跨越时空、超越国度、富有魅力并具有当代价值的绍兴文化精神自觉地传播和弘扬开来，从而在故事的讲述中延续绍兴传统历史文化的价值体系，使绍兴独特的历史文脉传承有序，长盛不衰。

实现上述三个层面的效果就是我们广大文旅工作者和教育工作者为广大青少年朋友讲好绍兴故事的应有之义和必然选择，我想这也应是浙江越秀外国语学院组织编纂"文化旅游：绍兴故事新编"这套丛书的题中真意和初衷本意了。

讲好绍兴故事，首先要让年轻朋友们融入绍兴情景并产生感动。就让我们在这套丛书的故事中陪同大家品读和感受绍兴的江南意涵与万年气象吧。

何俊杰

（中共绍兴市委宣传部副部长、市文化广电旅游局局长）

2019 年 11 月 24 日

目录

目录

1

刘宠钱清镇

钱清，处于长三角的黄金地带，位于宁绍平原西部，东接柯桥中国轻纺城，西邻杭州市萧山区。钱清镇名是由钱清江而来，钱清江则是为了纪念东汉时期一位清

正廉明的会稽太守——刘宠。

刘宠，东汉东莱牟平(今山东牟平)人，字祖荣，是刘邦子齐悼惠王的后代。他曾为会稽太守，后官至将作大匠、司徒、太尉，刘宠的父亲刘丕，极富学识，被人们称为儒学大家。

东汉在大多数年代里，奸邪当道、社会动荡。刘宠生活的年代，更是哀鸿遍野、民不聊生。尽管如此，刘宠所管辖的一方土地，却还是百业兴旺、人民安居。

初到钱清之时，刘宠悄悄地藏匿于人群之中，听当地的老百姓谈论新到的太守。有位老人家看着河中的两只白鹅，想起那鱼肉乡里的地方豪强和沆瀣一气的官府士绅，便连连叹气，感叹道："也就这两只了，这新太守一到，怕是家中仅剩的两只鹅都保不住啦！我们的日子要更难过了。"话语一出便引起了阵阵哀叹。

刘宠身边的小官听不下去，便怒气冲冲地向老人家叫唤道："老丈，现任的太守还没有到任，您不能妄下断言！"刘宠眉毛一皱，斥责道："不得无礼。"又连忙转身向老人家作揖以示歉意。老人家看了看两人，走到刘宠面前，说道："年轻人，看你们的样子，不是本地人啊，以后，就知道了。"刘宠作揖之后，回道："老人家，这两只鹅您好好养着，新任的太守不会让您失去它的。"说完便离去了。几日之后，百姓们才知道那日和老人家谈论的年轻人便是新上任的太守，而老人家的鹅仍自由自在地在河中游耍。

刘宠素有"修齐治平"的宏愿，渴望改革积弊，重兴汉室。在任职期间，他"简除烦苛，宽政爱民"，在很大程度上减少了赋税徭役，还常常微服察访，了解民情。刘宠秉性刚正不阿，不媚上、不贪赃，因此深受百姓的爱戴。据《后汉书·刘宠传》记载："宠少受父业，以明经举孝廉。除东平陵令，以仁惠为吏民所爱。母疾，弃官去，百姓将送塞道，车不得进，乃轻服遁归。"说的是刘宠年轻时跟随父亲学习，因为精通经学被荐举为孝廉，被授予东平陵县令，他的仁爱惠民深受吏民爱戴。当他得知母亲患病，立马弃官回家。百姓为了送别他，连道路也堵塞了，车子不能前进，于是他穿着便服悄悄地离开了。

天下无不散之筵席，刘宠两袖清风的可贵品质受到朝廷的重视，便被召回京出任将作大匠（总管工程建设的负责官员，执掌宫室、宗庙、陵寝的土木营建）。

刘宠离越赴任那天，会稽郡的父老乡亲从四面八方赶来送别，他们送了一程又一程，一直送到郡西五十里的西小江畔。这时，有五六个从会稽山中赶来送行的白发老人，眼中饱含惜别之泪，手中都拿着百个大钱，对刘宠说："我们是山国小民，前任郡守屡屡扰民，自从您上任之后，百姓都安宁了，夜间连鸡犬都不再叫了。如今我们听说您要离任了，故奉送这点钱略表我们的心意。"刘宠将手覆在老人家手上，将钱往老人家怀中送，说："我的政绩哪里像您几位长者所说的那样好呢？倒是辛苦这些父老了！这些钱币还是请各位收起来吧！"可老人们却执意要他收下这些钱，养鹅的那位老人走向前来，对刘宠说："我们知道刘大人您清廉刚直，但请您不要把这些看作是钱币，您就把它看成是我们对您的敬意吧！"旁边的老人将手中的钱币举高，应声附和道："是啊是啊，我们这些山野村夫不知道该如何表达对刘大人的敬意，还请刘大人体谅，收下这些钱币吧。"

刘宠不忍拂逆父老乡亲的盛情，便取一枚大钱，登舟而去。当时，刘宠在船首，迎风挺立，感慨万千。他既感激越中父老们的深情爱戴，又愧受民众一钱，于是挥手将这枚大钱抛入西小江中。

据传，自刘宠投钱后，投钱地段的江水就变得更加清澈。为纪念这位勤政清廉、为民造福的太守——刘宠，人们就称他投钱的西小江为钱清江，称此地为"钱清"。

一叶轻舟，几扇低篷，窄窄的乌篷船载着浓浓的江南味。钱清这一古镇，在江南水乡独有的柔和中，更是携带着古典的风味，秉承着"一钱"的操守。它就像当初立在船首的刘宠一般，一袭青衣，两袖清风，诉说绝世风雅。

下棋柯岩镇

　　柯岩，在绍兴城西 12 公里处柯山东麓，南临鉴湖，北连柯桥，总面积为 6.87 平方公里。柯岩以石景为名，古绍兴留下的名石多与磅礴、绮丽联系在一起。而柯岩的石景却归结成一种品格，矗立千年的刚毅使它凝聚成一种坚忍不拔的绍兴精神。

柯岩的每一方石块中都带着一抹倔强，那是石的筋骨、石的气韵、石的精神所赋予的一种刚硬。勾践的胆魄，陆游的壮志，秋瑾的英武，无一不可从中找到答案。

柯岩之"柯"，来源于柯山；而柯山之"柯"来源于柯亭。

柯亭，树枝为梁，青竹为椽，茅草为顶，以柯名亭，古代又名"高迁亭"。东汉大文学家蔡邕在避难江南时，曾在此亭取椽为笛，因此后人又把高迁亭叫作"笛亭"，或叫"柯笛亭"，柯桥也因此有了"笛里"这一个雅称。

此亭屡毁屡建，后来被人们以石柱瓦顶的形式移建到2.5公里外的集镇上（今柯桥）。尽管如此，柯亭建在柯山的时间却是十分久远的，其间，人们注意到了柯山的秀丽山色和它所蕴藏的丰富的岩石资源。

柯岩起初是以一座烂柯山出名的。这烂柯山上，至今留有一块八仙桌大小的棋盘石，这棋盘石便是烂柯山故事的开始。

传说，烂柯山山脚下有一个王姓村庄，村里有户人家，全家三口人，一对年迈的夫妇和一个正值舞象之年的男子。这个男子靠着砍柴来养活家里，所以村上的人都叫他王樵。

一年春季初始时，王樵照旧背上了自己的斧头和扁担上山去砍柴，爬到烂柯山山顶时，看见一对仙人在一座棋盘石上下棋。王樵心想着："这座山我从小爬到大，从来没见过这块石头，这两位老丈人也不知是哪处的。"越想这件事，越觉得稀奇，便越想去一探究竟，于是他放下了斧头，撂下了扁担，立在旁边看他们下棋。仙人瞥了他一眼，手中不知怎的就多出一个桃，接着就将那个桃子丢给了王樵。那桃形状扁圆，顶部凹陷形成一个小窝，果皮呈深黄色，顶部有一片红晕，好看得很。王樵家境贫穷，从未见过如此鲜美的桃子，三下五除二便解决了，吃完后顿感神清气爽。

待到他们一局棋将要下完时，手执黑子的白须仙人看了看他，对他说："你还不回去？看看你的斧头，斧头柄都烂了。"王樵回头一看，发现他的斧头柄已经烂得尸骨全无，扁担也已经朽了。他心下一惊，立马下山，打算回到村中。

可是，下山的路全都变了样，他好不容易走到自己的村子，却怎么也找不到自己的家，如今的他已经全然不认得这个他从小生长的小村子了。四下探访后，他终于找到自己的发小，但他的发小和那些当初跟他一起玩耍的小伙伴们，如今都已做了爷爷奶奶，而他的父母早已离开人间，往生极乐。人们问他这么多年到哪儿去了，他说自己才在村边山顶上看两位老丈人下了一盘棋，压根不晓得山下已经过了这么多年，怪不得连他的斧头柄都烂掉了。

人们听完后，都十分惊奇，从此就把这座山叫作"烂柯山"了。

这烂柯山脚下，自古就是柯岩石工们开凿柯山石板的场所。柯岩石板色泽青白，质地细密坚韧，是上好的建筑材料，向来供不应求。相传在汉之后的魏、蜀、吴三国时期，数以百计的采石工聚集在这里，四百年间，历经二十代石工长年累月的开采，生生被劈去了半座柯山。

也许是天意所在，也许是"英雄所见略同"，石工的开采竟鬼斧神工般地造就了如今这些姿态各异的石宕、石洞和石壁。而在这劈去的半座柯山的遗址上，更是留下了两方叫人称叹的巨大岩石。据说它们是山之筋、石之骨，特别坚硬，难以开凿。但偏偏有石工发下愿心，不辞艰辛，经过长年累月的凿刻，那石工终于把其中的一方凿成了一座石佛；另一方则凿成了一座石香炉，当地人叫它"云骨"。这两"柱"孤岩，一左一右、一胖一瘦地浑然兀立在水中、岸边，被古人称为越中"绝胜"之地。

有了烂柯山的传说，有了石雕大佛和云骨巨石，奇异的"柯岩风景"令后来的石工们为之动容，为之惊心。如果说水是绍兴的精血，桥是绍兴的筋脉，石是绍兴的风骨，那柯岩的石景便是风骨中的风骨。它无疑是一部耸立于时空的历史文化大书，面对芸芸众生、闪电鸣雷，它笑迎，它缄默，因为它积蓄内蕴的力量。

心灵的震撼，石景的突显，使柯岩成为一个更响亮的名字，柯山之名也渐渐地为柯岩所替代了。

仙缘柯桥镇

柯桥古镇是柯桥区的第一大镇，也是浙江省屈指可数的水乡集镇之一。因其经济发达、物产丰富、市场繁荣，素有"金柯桥"之美称，极具"东方威尼斯"之

特色。

相传，曾有一位姓柯的男子，家境贫寒，不得已去做长工。他老板家有一个妙龄十八的女儿，不仅生得楚楚动人，而且为人善良、贤良淑德。柯长工也生得一副好皮囊，待人温和，看着老实憨厚。一段时间的相处后，两人彼此都心生爱慕之情，便私定终身了。

在一个寒冬的夜晚，柯长工像以往那样悄悄地来到心上人的闺房与其约会。谁料，这次运气也太差了点，竟被老板当场撞见。老板顿时勃然大怒，下令将长工打出去，老板的女儿自是心疼不已，下跪磕头向父亲求情并乞求父亲同意这门亲事。

一提"亲事"，正在气头上的老板更是气不打一处来，火冒三丈，一气之下便说将她也一同逐出家门，让其自行谋生。老板的妻子，苦劝未果，只得忍痛让女儿离开，但又担忧女儿的未来，便趁老板不注意，悄悄为女儿准备了些银两和衣物，让她和柯长工另寻他处，并劝他们尽快离开。

两人跪谢之后，便离开了。女子身体娇弱，几日几夜不停地奔波之后，自是吃不消。突然，女子两眼一花，两腿一软，跌倒在地，痛苦地抽泣起来。柯长工见此，心疼不已，但又束手无策。

正所谓天无绝人之路，旁边的河道上有一艘小船像醉酒的汉子正摇摇晃晃地行驶过来。柯长工眼前一亮，温柔地抱起女子，向远处的小船着急地喊起来。

船工闻声迅速赶过来。两人上船后，柯长工轻轻地挽起女子的裤腿，见已是脚骨断裂，顿时大哭起来，哀叹自己无能，让心上人跟着自己受苦。一路上女子毫无怨言，相伴左右，柯长工想到这一切又是愧疚，又是心疼。船工了解缘由后，向他们提议："小伙子，离这儿不远处有座山，山上有不少草药，你们可以先去上边休养一阵，再寻打算。"

柯长工听后眼睛一亮，连忙道谢。船便徐徐向不远的山脚划去。到了山下，柯长工再次向船工抱拳作揖以示感谢。柯长工和女子便在南山安顿下来了。

经过几个月的调养和柯长工的悉心照料，女子已经恢复如初。两人便以天地为媒，结为秦晋之好。正所谓靠山吃山，靠水吃水。夫妻二人齐心协力，以织网捕鱼为生，逐渐成为当地的一大富豪。但他们不忘初心，经常帮助他人。

又度过了几十个春秋，柯长工已经到了耄耋之年。此时的他有一种患得患失的感觉，既感觉自己什么都曾拥有，又感觉什么都不曾拥有。

　　这天，天朗气清，柯长工漫步山间，忽见不远的山峰上似有两位白发老人对坐。因为这山间鲜有人来往，柯长工顿时疑心大起，向山峰上走去。走近一看，果然，见两位白发老人正在对弈。柯长工兴趣大增，悄悄站在一旁观起来。谁知这一观，竟观到了日落时分。晚霞的余光抚在柯长工的脸上，柯长工瞬间清醒过来，再仔细一看，哪里还有其他人的身影！只见石桌上刻着"桥"字，柯长工百思不得其解。终于在夜幕降临的时候，悟出了其蕴意。于是他高兴地下山去，这山，也就是如今位于绍兴柯桥南首的棋盘山。

　　下山后，柯长工便同儿女子孙们说起了今天的所见，说这是"仙缘"，并表明想造一座桥。他家人自是支持的。商量好后，柯长工凡事亲力亲为，亲自坐船在河道上寻找地点，寻找工匠，等等。一切准备就绪后，造桥行动开始了。

柯长工几乎每天都要去监工，去出一份力。终于，桥竣工了，可柯长工却因造桥一事四处奔波，病倒了。家人劝他就在家好好休养，他却执意要去桥上走走看看。他说这是上天给的指示，他一定要亲眼去看看才放心。家人一番劝解无效，只得带他去了。已是垂暮之年的柯长工看着已经竣工的桥，仿佛完成了重任一般，含笑安然离去。

后人为纪念柯长工以及他的善意，便将这桥命名为"柯桥"。

再后来，环绕这座桥定居的人越来越多，逐渐形成了一个小镇，人们便将此处命名为"柯桥镇"。

现今，柯桥凭着天时、地利、人和等诸多有利条件，已发展成为浙江省经济最发达的地区之一，拥有亚洲最多的布匹集散中心——中国轻纺城，可谓"赤橙黄绿青蓝紫五彩缤纷，东西南北中万商云集"。同时，柯桥也是旅游大镇，有着国家和省级重点文物保护的古纤道、太平桥和省级柯岩风景区，是著名的水乡和桥乡，乌毡帽、乌篷船、纤塘道、石桥、长廊、明清古建筑群，构成了古越水乡独特的风情画。

平乱安昌镇

　　"师爷故里，风情安昌。"安昌古镇位于绍兴市，始建于北宋时期，后因战乱，被多次焚毁，重建于明清时期。现存老街开市于明弘治二年（1489），1.2平方公里的古镇区保护完好，是中国历史文化名镇、CCTV中国魅力名镇、浙东著名的水乡古镇，有着"中国师爷文化之乡"的称号。

唐朝之前，安昌又名"长乐"。追溯本源，安昌地名的由来，与历史上的一场战役有关——钱镠平董昌之乱。

据《旧唐书》和《新五代史》记载，唐僖宗乾符二年（875），钱镠被董昌招收为偏将，后来因为战功显赫，被升为都指挥使。

中和二年（882），钱镠领命讨伐并灭掉了越州观察使刘汉宏，将仓库内的粮食财物分给立功将领和越州穷困百姓，深得军民爱戴。董昌作为钱镠的上司，带领手下驻军越州，并被朝廷升为浙东节度使。但董昌仍不满足于已有的地位，想尽各种办法来讨好朝廷，希望得到皇上的赏识。

光启三年（887），董昌升为越州观察使，并被封爵，手握兵部大权。此时，他的狼子野心便逐渐暴露出来。乾宁二年（895），董昌在越州称帝，国号"大越罗平"，改元顺天，想要谋反。钱镠作为董昌的左膀右臂，董昌便写信将一切告诉了钱镠。但董昌低估了钱镠对朝廷的忠心，钱镠不但没有帮助董昌，还反过来将董昌想要谋反的事告诉了朝廷。皇帝知道后大怒，下诏革去了董昌官爵，封钱镠为彭城郡王、浙东东道招讨使，并派他去讨伐董昌。

对于钱镠来说，董昌于他有知遇之恩，若非当年董昌的提携，他也不会有今日的成就。再好的"千里马"，没有"伯乐"，命运大概也只会被埋没。再者说，他虽是为大义，但难保日后不会被他人戳脊梁骨。可朝廷的命令又违抗不得！正可谓进退两难啊！

钱镠自己呢，也自是不希望与董昌兵刃相见，便想了个法子。他点兵三万去了越州迎恩门，又派遣门客沈滂带着自己的意思去见董昌，向他分析叛乱的利弊，希望他能改过，不要执迷不悟。

董昌自是没料到钱镠居然会背叛自己，还如此神速出兵。他见钱镠兵临城下，自知已失机会，便用钱财百万贿赂钱镠的军队，答应会去向朝廷请罪。钱镠见董昌已经悔过，自己此行的目的也可算是结束了，便收兵回去了。

江山易改，本性难移，九五之尊的诱惑，董昌想放弃也难。他贼心不死，秘密派人联系淮南节度使杨行密，与其串通，想要攻打钱镠的苏州。但不料事迹败露，被钱镠知晓。知遇之恩已报，钱镠也再无"恩情的包袱"。正所谓"一山不容二虎"，钱镠和董昌，必有一战。

乾宁三年（896）五月，钱镠的军队在越州生擒董昌。董昌知道自己大势已去，不可逆转，叛乱之罪也难逃一死，便在押解途中投水自尽了。

钱镠平定了此次叛乱，为百姓换来了平定安康的生活，便将"长乐"改名为"安昌"，有"平定董昌之乱，安定东南"之意，祈愿地方安宁，百姓安康。

古镇沿河而建，东起高桥，西至青墩桥，街河相依，南岸是民居，北岸是商市，街面由绍兴当地的青石铺成，两岸之间有古桥相连。每座古桥各有特色，素有"碧水贯街千万居，彩虹跨桥十七桥"的美誉。其中福禄、万安、如意三座桥最为著名，桥名寄托着人们的美好期盼，古镇人家女儿出嫁时，这寓意吉祥如意的三座桥，全都要走过。

2000年开始，安昌古镇每年都要举行腊月风情节。逛古镇，游古街，文艺活动丰富多彩，民间绝活和老手艺，彰显着古老水乡的民俗风情。

钱镠齐贤镇

　　齐贤镇，是柯桥经济开发区，位于绍兴市柯桥区北部，东临越城区斗门镇，南接越城区东浦镇，西依安昌镇，北邻杭州市萧山区党山镇。1993 年 11 月，经浙江

省人民政府批准，成为全省第一批省级开发区。

　　齐贤在民间又有下方桥之称，"下方桥"是以桥名命村名，缘于百姓的一种普遍叫法，最后自然而然地约定俗成的。它犹如一个人的乳名，为百姓们所喜闻乐用。"齐贤"相当于是"下方桥"的大名。但像这类雅致的地名，不论是朝廷钦定，官府所赐，再或者是文人学士的精心命名，一般都与历史事件相联系，有着深厚的人文底蕴，就像我们取名一样，有所寄托。所以齐贤的地名，一俗一雅，雅俗骈罗，相映成趣。

　　对于"齐贤"这个名字的由来，其实有很多的争议。当下最为盛行的一种说法是：继兰亭群贤聚至的遗风，改名为"集贤"。但"遗风"一说似乎经不起推敲，并无史料为证。其次是"钱镠赐集贤"、相传"集贤"是由钱镠赐名得来，后来才改为"齐贤"的。虽

然听起来有点不太可信，但据史料记载，是可信的。

据《稗史类纂》记述，钱镠当时屯八都兵在羊石山时，曾在下方桥召集地方"三老"，听取进兵之计。在平定董昌之乱后，遂赐名此地。集贤，意为"集聚贤才"。

唐室颓败后，中原战乱迭起，钱镠驻兵吴越，安定东南，保护一方百姓的安危，他修海塘，兴水利，重农桑，奖耕织，利渔盐，发展沿海贸易。当时越国丝绸是越国向中原进贡的主要贡品。

据传，钱镠曾多次去越州居住，而且亲临故地下方桥拜访机户，鼓励他们丝织等等。他为人亲善，百姓都很喜欢他。

有一次，他召集机工，在宣扬吴越德政之后，向他们开玩笑道："我生护织机，死当为机神。"钱镠死后，下方桥的乡里父老，为了追念他的功德，修了殿宇，供了神像，并尊他为"城隍"和"机神王菩萨"。后来，每年农历三月廿六和九月十八他的忌日和生辰时，下方桥的父老们都会举行迎神赛会，抬着他的坐像游乡，还会在石佛寺侧搭起明瓦大棚唱戏，成为丝绸之乡纪念钱镠经久不衰的习俗。

钱镠在此屯兵和扶持丝绸业发展的史实，还有下方桥百姓对钱镠的爱戴，都足以说明他为下方桥赐名"集贤"这一说是可信的。

如今的齐贤分东西两部景区，东部为石佛景区，西部为石城景区。两部景区主要由石佛景区、羊山公园和羊山石城景区三部分组成。

羊山石佛是浙江四大石佛之一，石佛禅寺是全国著名百家寺院之一。羊山石佛寺，位于今绍兴柯桥区齐贤镇山头村，初名灵鹫寺，后改称石佛寺。因此地北负钱塘江出海口，离海极近，所以羊山石在石塘技术成熟的明清时代，多被用来筑造海塘。它虽有一般寺庙的庄严肃穆，但由于是在残山剩水上建寺，因而寺庙的园林化成为显著特征。

民国年间《羊山韩氏宗谱》中记载："里有灵鹫庵，中有石佛，穴石成像，法相庄严，为隋开皇所造。其旁庵舍为五代吴越王钱镠屯兵之所，古迹也。然岁月浸淫，风霜剥蚀，久已栋折榱崩。"

羊山石城，是天然石景奇观，是四大名著中《西游记》拍摄景点之一。中央电视台杨洁导演的《西游记》后续集第九集就是在此拍摄的，该集题为《祈雨凤仙君》。众多的摩崖石刻，罕见的羊山石城，为景区提供了丰富的旅游资源，吸引着全国各地慕名而来的游客。

齐贤拥有极为丰富的石文化、佛文化，且其风景如画，景色独特，令人遇之则喜，流连忘返。

孝德王坛镇

　　天下明德从舜（名重华）始，中华首孝自王坛。王坛镇有舜王庙，今天要讲的故事的主人公便是孝德两全的虞舜。即使他面对父母、弟弟的百般为难，也依旧以孝事亲，以德报怨。

　　话说有一天，舜的父亲瞽叟想要修谷仓，向妻子，也就是舜的后娘询问，后娘马上就推荐舜，她对瞽叟说："重华正是该锻炼的年纪，这种小事交给他做权当锻炼了。"一脸正经地说着可心里却在偷笑，她把儿子象叫过来，凑到他耳边说："等他爬上屋顶后，你就把梯子拿走，然后……"象听后直拍手叫好。

　　然后后娘走出屋子，找到了正在干活的舜，告诉他说："这些先不用弄了，你去把谷仓修一下。"舜站起身来，擦了擦额头的汗，答应了一声"哦"便动身去拿工具了。

　　然而心地善良的妹妹姚嫘刚才在一旁偷听到了真相，就赶忙跑过来告诉舜，说娘想放火害他。舜听后笑了笑，摸着妹妹的头，告诉她："妹妹，你一定搞错了，娘怎么可能会害我呢。"可妹妹还是着急，舜只得告诉她自己会注意的，便拿着两顶斗笠走向谷仓。

象在谷仓等着舜，看到舜过来了，连忙上前献殷勤，把梯子搬了过来，对舜说："哥哥，你放心上去吧，我在下面给你守着梯子。"舜点点头，便爬着梯子上到高高的谷仓顶了。在谷仓顶，舜看了一眼下面的弟弟，便放心埋头苦干了起来。过了一会，象看见舜正在上面认真地干活，便悄悄地拿走了梯子，然后和他娘一起在谷仓下堆上准备好的木柴，点着了火。

木制的谷仓很快就被大火覆盖，霎时火光满天，烧着的竹子吱呀作响。谷仓顶的舜发现了熊熊大火，赶忙对着下面喊道："弟弟，弟弟，快帮我架好梯子，我要下去。"可象哪里会去帮他，此时他正假装

听不见,和他娘在一旁偷笑,后娘还对舜道:"快去见你亲娘吧。"妹妹看着冲天的火光,心里着急万分,急忙去喊左邻右舍来帮忙灭火。

此时舜看着下面的火光,心里却并不慌乱:还好有妹妹提醒,我带了两顶斗笠,若是此时能有一阵风,我便能逃过此劫。突然,天色骤变,乌云遮天,真的有一阵大风吹来。舜一手一顶斗笠,借助大风纵身一跳,稳稳地落在了地上。围观的邻居大声叫好,妹妹噌地一下跑过来抱住哥哥舜。

经过此劫难后,舜并没有责怪弟弟和后娘,反而在心里琢磨着:是不是我哪里做得不好才惹得母亲和弟弟讨厌,以后一定要注意。

后娘和弟弟总是想出一些手段想置舜于死地,舜每次都知道是他们做的,可是一次都没有抱怨。后来离家的舜在外当上首领,因为思家心切,便选择回家探亲。

　　回到家后，舜得知弟弟象败光了家产离家出走，家里只剩妹妹和年迈的父母。看到家里的情况，舜也并没有选择责怪弟弟，他派人将弟弟找了回来。看到衣衫褴褛的象，舜心疼地问道："怎么搞成这个样子，跑到哪里去了？"哥哥的温柔让象不知所措，愣了一会后，他扑通一声跪在地上，对舜说："哥哥，我错了，我不该做那些丧尽天良的事。"舜将他扶起来，安慰道："我们是一家人，我是哥哥，就要学会包容弟弟，人都会犯错，知错能改就好。"一旁的父母看到两兄弟和好，终于露出了笑容，一家人最后在欢声笑语中化解了先前的恩怨。

　　如今的王坛镇也一直在宣扬舜的孝与德。

挚爱次坞镇

　　次坞镇为大家所熟知的是次坞打面，
然而在次坞还有一座烈士陵园——俞秀松
烈士的陵园，俞秀松在短暂的革命一生
中，还遇到了一位令他日夜思慕的爱人，

两人虽相处短暂，却共同谱写了一段让人神往的爱情之歌。

一天，安志洁刚参加完一场报告会，走出门时遇见了也刚好要出门的俞秀松，俞秀松见这个女孩子有些面熟，便问："我是不是在哪里见过你？"安志洁也认出了经常和大哥在一起的俞秀松，说道："我是盛世才的妹妹。"两人就此相识。后来，盛世才邀请俞秀松担任家庭教师，为自己的子女和妹妹授课，俞秀松和安志洁开始熟悉起来。

"俞大哥，上那么久的课了，咱也放松一下，你给我讲讲你以前的故事呗。"安志洁眨着水灵的大眼睛说。俞秀松见安志洁渴望的眼神，笑了笑，说："好，我就给你讲讲。之前我在浙江师范求学的时候，父亲就给我定了亲，可我作为新时代的人自然不喜这样的婚事，就因此事，我和父亲闹掰了。"见安志洁在一旁听得津津有味，俞秀松继续说道："后来我要去北平参加互助团，向父亲讨钱，于是我便给他写了一封信，信中写着：'请父亲无论如何也要给我寄四十元，若四十一时难措，二十元也可解燃眉之急。'可你猜怎么着，他就只给我寄了一元钱。"安志洁迷惑地歪了歪头，一脸不解地问："为什么呀，再怎么着也不会就寄一元啊。"俞秀松得意地笑了笑，饶有兴趣地对安志洁说："那是因为啊，我在信里把父亲写作了'余韵琴同胞'，他回信的时候还在生气呢。"听完俞秀松的解释，安志洁哈哈大笑起来，最后两人在欢声笑语中结束了今天的课程。

夜晚回到家，俞秀松躺在床上，他发现他好像爱上了这个十七岁的活泼可爱的少女，这份爱情让他有些心慌意乱，毕竟她才是个情窦初开的少女啊。

可俞秀松不知，有人已经在暗中帮他牵好了红线。由于俞秀松苏联特使和盛世才新疆省长的身份，苏联和盛世才双方都希望能以俞秀松和安志洁的婚事来巩固双方的关系。此时的安志洁陷入感情的痛苦中，她并不讨厌那个为人厚道、对自己好的俞秀松，可自己还在读书，和他又相差二十岁，方方面面都有些不习惯。但是最终在大哥、同事、同学甚至父母的劝说下，安志洁终于接受了这份感情。

1936年，安志洁和俞秀松举办了一场隆重的婚礼，婚后生活也十分甜蜜。俞秀松自然是深深爱着他的妻子，安志洁也被自己丈夫的学问、智慧、才干以及他的人生态度和人格魅力所打动，在她的眼里，俞秀松是丈夫，是兄长，也是朋友。

可噩梦来得那样快。一年后俞秀松被诬陷入狱，无中生有的罪名硬生生把这对有情人分离。安志洁来狱中看望丈夫，俞秀松对她说的最后一句话是："阿妹，要坚强，多保重，但愿我们重逢。"十年后，一直苦苦等待的安志洁突然得到丈夫已经离世的消息，她如五雷轰顶，悲痛欲绝。

此后许多年，安志洁一直奔忙在为丈夫洗清冤屈的工作中。终于，在1996年，她拿到俄罗斯军事检察院的平反证书，满头银发的安志洁老人热泪纵横，对着俞秀松的遗像，一遍一遍地念叨："秀松，你可以安息了！"

在诸暨次坞镇的俞秀松烈士陵园中，还记载有这段动人的爱情故事，而俞秀松的清名也会一直流传于世。

义门应店街

　　应店街镇原名罗坞，相传元朝末年财主应十万迁至此处居住，后朱元璋带兵路过此地，应十万慷慨捐粮。明朝建立后，朱元璋降旨建造牌坊，封为"应义门"。朱元璋与应十万的情谊，也是一段为后人赞颂的佳话。

元末，朱元璋的起义军经历东南、北方之战已夺取了大半个中国，当占领金陵后，又挥师建德、金华等地准备扫除最后的障碍以成就帝业。一日起义军来到一个名为罗坞的地方，此地居住有应家大户应十万，据说其祖上不愿入朝为官，遂隐居山野。相传应十万仗义疏财，每逢饥荒都会给百姓发粮食，有息民安世之德，声名远播。朱元璋自然是听过他的名声，故有意拜访。

多年来，应十万对元朝统治者的横征暴敛深恶痛绝，故而对于依旧保持着淳朴本色的义军深感敬佩。今日听闻义军要来本庄做客，应十万便率人一早等待着，义军一到便以大礼迎之。庄内，应庄主以盛宴为义军接风洗尘，朱应二人把酒言欢，相见恨晚，应十万邀义军在此休养几日，养精蓄锐，朱元璋不便推辞便答应下来。席间二人互诉衷肠，当朱元璋得知应十万为宋工部侍郎之后时，钦佩之心油然而生，说："吾虽出身寒微，但帝王将相岂有种乎，鸿鹄自有志千里。"话越说越投机，一直至酒酣人静，方才散去。

几日后，朱元璋与刘伯温、常遇春等人闲游，朱元璋见此风水宝地，便对身边人说想在此建都，常遇春以一箭测得此地过于狭小，叹了口气说："一箭之地，何以建都？"朱元璋在一旁无语，此事便不了了之。夜晚，朱元璋处理完军事正在屋内踱步，突然听见阵阵轰鸣，便吩咐随从探明究竟。不一会儿，随从回来禀告说这是"砻声"，朱元璋一时懵懂误以为是"龙声"。他想：怕是我们惊动了龙脉，故有此声。便赶忙召集军师等人决定第二日便启程离开。

第二天，应十万见义军整装待发，便着急问

道："朱帅为何着急要走？是我招待不周，朱帅不满吗？"朱元璋一时尴尬，便将昨夜之事告诉应十万，应十万听后大笑，说："哪有什么龙声，那是我为贵军准备军粮而命各农户日夜碣米时发出的声响。"朱元璋恍然大悟，又感慨道："我朱某与应公相识结成莫逆之交真是缘分。你不但给我们吃的，而且还为我军准备了如此之多的粮草，我们真不知怎么感谢你才是。"应十万说："元帅为民艰苦卓绝数十年，我今只不过为你们做了点区区小事，何足挂齿。既然你们去意已决，我也不强留。但愿元帅早日成就大业，造福百姓。"

数年后，朱元璋在金陵称王登基，定年号为洪武，应十万感恩戴德，年年纳贡，岁岁捐粮，朝廷不忘旧恩，为应十万建造牌坊，封名应义门。后清朝年间改名应店街。

烂漫五泄镇

　　五泄镇位于诸暨西部，因一水五道折的五泄溪而得名。关于这五泄溪，有一个美丽的传说。

　　传说，玉帝有七个美丽善良的女儿。

一次，玉帝让七位轮流保管龙王进献的龙珠。可就在七仙女保管的那一天，一不小心珠子从天上掉了下去，落到人间。小七急得不行，又不敢惊动别人，只好估摸着珠子落下的位置，偷偷到凡间来寻找珠子。

"哎呀，明明就掉在这里的，怎么不见了？"无奈之下她只好伸出她的脚，四处搜寻。等她停止寻找的时候，此处已经形成了一个口微内收、四壁光滑、深不见底的洞穴。小七无功而返，就想借着银河之水将龙珠冲刷出来，一急之下，银河水一泻千里，彻底淹没了龙珠遗失之地。

一次，一名叫龙子的刘姓少年在此地垂钓，偶然遇见潭内两条龙为争夺一颗珠子展开恶战，这颗珠子便是七仙女丢失的那颗。突然珠子向龙子滚来。龙子顺手一抓，捏在手中。这时双龙怒睁双眼，飞到他眼前抢夺。龙子急忙将珠子放入口中，一不小心吞入肚中。

霎时，龙子化为金龙，腾云驾雾而去。其母赶来，只抓住他的尾巴，亦被带上天。龙子恐母亲摔下来，飞一阵，回头看一看，回首十八次，江水亦因此弯了十八弯，后人称"望娘十八弯"。待到龙子平安降落，老母亲因惊吓过度，已经奄奄一息，龙子非常难过。

此时的小七还是不死心，想要找到那颗珠子，于是她再一次来到这里。与之前的泥地相比，现在这里已经大不一样了。小七顺着瀑布往下走，看到龙子在十八弯的尽头哭泣，她好奇地走上前去："你是谁啊，为什么哭得那么伤心？"龙子便将自己的遭遇告诉了小七，小七被他的孝心感动，安慰他说："虽然你的母亲离开了，但她肯定不愿看到你那么伤心。你要是想念你的母亲,不如就在这里种上两棵树,以解自己的思母之情。"龙子一听,欣喜不已,立刻找来两棵松树苗种上。小七偷偷地挥了一下手臂,树苗瞬间长大:"你看,连老天都在帮你呢!"龙子看着眼前的松树,这是母亲最喜欢的树,他仿佛看到母亲用慈爱的目光在注视着自己。小七回头看他,他已泪流满面。"你放心,我没事的时候会来看你的。""嗯,谢谢你。"

从此,龙子就在这里定居下来,可他不知道这里原本住着一条老龙。起初,老龙对龙子打搅了他的安宁感到不高兴,不想让龙子在此栖身,可龙子已经失去母亲,在这个天地间,他真的只剩自己一个人了,他已无家可归。老龙见龙子总是望着两棵古松出神,心里有些动容,他想:我已孤独太久了,好不容易盼来一个人,或许就是天意,那就让他留下来吧。就这样，龙子留在了这里。

小七回到天上，把龙子误吞龙珠的事情告诉了几位姐姐。

"那怎么办，我们的龙珠是不是找不回来了？"

"不如让那个凡人把珠子还回来？"

"姐姐们，那颗珠子既然已经在龙子的身体里面了，我们何必强求呢？"

现在的小七已经不关心龙珠的下落，她只想下凡去见见龙子，看他过得好不好。

在姐姐的陪伴下，她又偷偷地去见了龙子几次。小七来的时候，龙子就化为人形，陪小七四处走走。为了防止被玉帝与王母发现，六个姐姐也在附近游玩。不知不觉，她们被这里的美丽风景所吸引，便忘记了掩护两人，最终七姐妹错过了母后的生辰。王母非常生气，下令捉拿龙子。龙子在老龙的帮助下逃脱了，只是他的身体和老龙一起被禁锢在了山里，化为岩石，日夜经受流水的侵蚀。

一天，小七避开所有的守卫来到人间，见到化为石龙的龙子，悲痛欲绝，她纵身一跃，跳入瀑布中。两人的灵魂在水中融合，因此平息了龙子的愤怒，瀑布便从深潭中回旋而出，来到一平坦之处。从此，龙子与七仙女便在这一方水流之中相伴相守。他们顺流而下，驻停于第三泄，形成一左一右两条瀑布。千姿百态的瀑布，是他们的家园，无法一一名状，他们常常化为人身，坐在亭中。

即使他们是如此地小心，可还是逃不过雷公电母的法眼，王母下令，将两人带回天上处罚。倔强的两人宁为玉碎不为瓦全，与天庭对抗到底。在与雷公电母的对抗中，他们跌入一"之"字形山沟中。在深不见底的陡崖中，劈险沟、过峭壁。瀑布在奔腾怒吼中，汇成巨大的轰鸣声，那是龙子与小七释放的无尽的愤怒。后人感动于两人艰难的爱情，便将第四泄的观瀑亭命名为"三怒亭"。由于龙子与小七始终不愿意妥协，王母决定将两人永远困在这里。

善良的百姓不忍心看到相爱的两人受此磨难，便在这个险峻之地偷偷铺设了一段平岩石，方便他们积蓄力量，冲出困境。功夫不负有心人，龙子与小七齐心协力，加上六个姐姐的帮助，他们终于冲出万丈悬崖。百姓目睹这银花飞溅、银蛇狂舞的场景，纷纷落泪。为了纪念这段天上人间的爱情故事，便将此处称为"蛟龙出海第五泄"。

碧绿的湖水，巍峨的山峰，壮奇的瀑布，幽深的峡谷，五泄的风景在龙子和小七的爱情故事中更显瑰丽。

白龙东白湖

　　东白湖镇地处诸暨市以东18公里的东白山麓，由原陈蔡镇、斯宅乡撤并后新建。镇因风景名山——东白山而得名东白湖。

白云深处有高山。浙东第一高山——东白山，自古为婺越之界山，重峦叠嶂、古藤虬结，自然景观令人惊叹不已。千百年来，东白山就像一位遗世独立的老者，沉默寡言。但在东白山上，也曾有过美丽的传说。

相传，人间下雨落雪是由天上专职神仙管的，东白山一带则是东海龙王敖广的营辖之地。敖广懒散，在四海龙王中是出了名的。他常常把行云布雨的任务交给他的儿子小白龙去执行，自己就躲在龙宫里跟娘娘、宫女寻欢作乐。

话说这一年伏天，上天又命东海龙王到东白山施雨，以解决东白山一带的严重旱情。老龙王叫小白龙去执行，但找遍龙宫就是找不着他。正待发火，恰见宫女从后宫把喝得醉醺醺的小白龙扶了出来。老龙王看儿子那不成器的样子，上去就是一个耳光。这一巴掌，把小白龙打得酒醒了一半，小白龙一边摩挲着被打得红肿的脸，一边责问："父亲，你为何打我？我又没有做错什么！"敖广气愤地冲他凶道："你看看你这无能的样子！赶紧滚去给我布雨！"小白龙没好气地说："不就是下个雨嘛，我去！去给他们下个够！"

东海小白龙驾着乌云来到东白山上空，从腰上取出宝葫芦，旋开盖子朝下就倒。东白山一带的村民，先是看到天上乌云密布，接着瓢泼大雨倾盆而下。

一来小白龙醉酒尚未清醒，二来老龙王的一记耳光让他心中有气，他把宝葫芦口朝下地往云头上一撂，自己就呼噜呼噜打起瞌睡来了。小白龙不知这宝葫芦里面的水是东海龙王辖区范围内一年的全部雨水，如今让他一下子全部下在了东白山一带。

小白龙这一觉睡得舒坦，但这波大雨下了三天三夜，丝毫没有停下来的意思。老百姓刚从干旱的灾难中醒过神来，又遇到特大涝灾。家家门口平地起水，从山上下来的洪水更如脱缰的野马，冲向田野，奔向农舍。河道满溢，堤埂决口，地势高处树倒坎塌，地势低处一片汪洋。接二连三的打击让受难的百姓们喊爹骂娘，哀声遍野。

地上百姓的悲号声惊动了天庭，值日星君拨开云头向下一看，大惊失色，赶紧向玉皇大帝汇报。玉帝大怒，立刻命天兵天将速速将施雨龙王缉拿归案。天兵天将来到东白山时，小白龙正躺在东白山脚龙潭里哼着小曲。见天兵天将来提他，知大事不好，赶紧沿着山湾往上逃，一逃一回首，逃到接近东白山顶时，终于被天兵天将捉住，天兵天将用捆仙索把他捆好押送了天庭。

　　小白龙的叛逆带给了东白山难得一见的奇观。龙门湾是小白龙逃命的山湾，这里从山上下来的溪坑水长年不断。小白龙逃亡中每回一次首，就形成一个坑，一个坑一级瀑布。从山脚到山顶，这样的瀑布有十八级，当地人称为"飞龙十八瀑"。

　　一处处景观，一个个传说，让东白湖镇美名远扬。

悠悠浬浦镇

　　浬浦镇位于诸暨市东南部，得名于宝
掌禅师所建之醴泉院。初名醴浦。醴者，
甜酒也；浦者，水岸也。古人以"天降甘
露，地涌醴泉"为祥兆。相传禅师开岩之

时，一股清泉自岩下流出，清澈甘甜如醴，故名其寺曰醴泉院。

宝掌法师是中印度婆罗门贵族的儿子。他生下来就有很多瑞象，骨气不同常人，眼大鼻长、两耳垂肩、双眉高挑，左手紧握成拳，父母知道孩子将来定不同寻常。孩子才满九岁，父母就带他投奔佛陀精舍出家做沙弥。

当师父帮他剃度落发时，他突然放开一直握拳的左手，掌心露出一颗珍珠。他虔诚地把这颗掌中明珠呈献到本师像前，并且首次双手合十顶礼，剃度师父因此为他起法号叫宝掌。

宝掌法师出家之后，精勤修行，严持戒律。佛陀入灭九十多年后，他才出生，所以常感叹："哎，没有缘分亲自听闻佛陀的言教。"于是，他就不顾寒冬酷暑，研读三藏，他还期望能学到教外别传的禅宗。为此，他走遍天竺各地参访圣贤知识。

东汉末期，宝掌法师前往峨眉山朝礼普贤菩萨。经常二十天才吃一餐饭，坚持诵经，相传每日诵《般若》等经千余卷。有人为此咏诗赞叹："劳劳玉齿寒，似迸岩泉急。有时中夜坐，阶前神鬼泣。"宝掌法师常对人说："我有一个夙愿，要住世一千岁，今年已经六百二十六岁了。"因此，世人都尊称他为千岁和尚。后来，宝掌法师又前往五台山，朝礼文殊菩萨。

这时候魏蜀吴三国鼎立，战事不断。宝掌法师到了古义丰郡，看见这里山连着山、岭叠着岭，还有双峰并立，高峻巍峨，不禁高歌赞叹："如此奇景，想必是有古佛在这里住过。"于是搭起草庵住了下来，一直停留了一百十几年，却很少被他人知道。在此期间，宝掌法师也曾背着衣钵、挂着竹杖前往终南山询问佛法。当时中原烽烟四起。宝掌法师的精神感动了山中猛虎，于是处处跟随护卫。虽然外面战祸纵横，山中的晨钟暮鼓却没有间断停息。

宝掌法师后又辗转多地，直到贞观十五年（641），到达诸暨里浦山下。

遇一老者，老人问宝掌："你来这里为了何事？"宝掌回答道："因为我接近千岁，已经老了，想寻找一个安身之所修行养老。"老人说道："在这个山的背面，林嶂幽耸，里面有一个石室，叫里浦岩，你可以前往居住。"宝掌听从了老人的建议，当时正值中秋，宝掌到了岩下，看见山秀泉洁、月白风清，欣然为颂，有"行尽支那四百州，此中偏称道人游"之句，立马就决定结茅于里浦岩。

高宗显庆二年（657）时，宝掌法师已一千七十二岁。这年七月七日，宝掌法师向如光和慧云二位徒弟说了一段偈语："本来无生死，今亦示生死。我得去住心，他生复来此。"说完偈语，闭目入定。七日后又苏醒过来，嘱咐徒众："我离世后六十年内，如果有僧人来取我的尸首，不要拦他。"说完这句话就与世长辞。宝掌法师圆寂五十四年之后，有一位长老到这里，绕法师塔顶礼，塔门自动打开，人们看见塔内大师真身舍利放出耀眼光芒，宝骨洁白庄严，带有红色纹理，令人肃然起敬。长老祷礼完毕，携带宝掌法师舍利而去。

宝掌法师传奇的一生给浬浦镇蒙上了一抹神秘的色彩。青山绿水、古村小巷，浬浦的美就像一滴水墨荡漾在江湖中，不起波澜，却氤氲了山河。

铮铮马剑镇

　　马剑镇位于诸暨的最西端,距今一千一百余年,1967年才从浦江划归诸暨的版图。

　　马剑原称建溪。唐代末期镇越使戴堂

父子喜欢驰马试剑。自从带领戴氏众人迁到建溪生活后，就不允许后代习武射箭，开始过这放马青山、铸剑为犁的田园生活，故乡里人称其居地为马剑。

马剑的大名人，也都几乎姓戴，其中最广为人知的当为戴良。七百多年前，戴良出生在马剑，他以家乡的九灵山为名号，自称九灵山人。

元至正十八年（1358），朱元璋攻占婺州，戴良与胡翰等人被朱元璋从山中招回，为朱元璋陈述治世之道。在所有大师中，朱元璋最看重的是宋濂和戴良。年轻时的戴良，是位帅哥，史书介绍他"神清气爽，美须髯"。他的最大爱好是读书，"虽祁寒盛暑，恒至夜分乃寐""穷日夕不能休""终日危坐无惰容"。

朱元璋和戴良的第一次会面，戴良的才学就使得朱元璋大悦。周文穆《识小编》云："太祖驻兵金华，戴良入见，首陈天象之利，人心之归，顺天应人之举，正唯其时。上大悦，至夜忘寝。"朱元璋对戴良相见恨晚，不但请他讲史，而且封他为"学正"。他对戴良说："先生，我想请您教导我的子弟和亲信们，造就一批大明朝未来的栋梁！"然而他万万没有想到，他刚刚离开金华，不识好歹的戴良竟然就"逸去"了，留给大明开国皇帝一个飘忽的背影。

戴良是逃了，但偏偏朱元璋对戴良喜爱甚佳、念念不忘。当他和刘伯温谈天时，他说："哎，比不上戴良啊！"刘伯温也感叹道："陛下这样哀痛，原来是痛惜戴良的离去。"过了几年，明朝天下初定，朱元璋想要招致遗佚制礼作乐，就对沐英说："戴良是一个人才哎，博学广闻，问无不知。"沐英叹着气告诉他："如今戴良逃得找不到了。"朱元璋想到胆大包天的戴良，瞬间十分气愤，言："让各郡县把所有元朝'耆硕'的名单都报上来，凡是不肯来应征的就斩他的头！我一定要找到这个戴良！"

遁走的戴良，在47岁的年纪选择上应张士诚的引荐，做了元朝的"儒学提举"，而且，还偷偷跑到苏州上任去了。在看到张士诚没有前途以后，他又渡海北上，闯过黑水洋，找元军去了，他要为元朝的中兴鞠躬尽瘁。他的努力当然没有成功，他甚至没有找到元军，大元帝国在第二年就寿终正寝了。

明朝建立，戴良的一班朋友宋濂、胡翰、苏伯衡、王祎等都入仕为官，戴良却选择了一条"岩居穴处、深自韬晦"的道路。他躲进了四明山的深处，一时间连家人也不知他的去向。戴良这样做，还是为了躲避朱元璋的征召，他不肯出来做官。而朱元璋也是一如既往地要找到戴良，功夫不负有心人，在过了漫长的十五年以后，明太祖终于找到了戴良并如愿把他征召到了京城。

此时的戴良已经是一个66岁的老头，长期的隐居生活让他形容枯槁。而朱元璋则已是九五之尊，周边的每一寸空气都透露出威严。朱元璋的无情和暴戾已经开始使臣下不寒而栗，谁都知道，在皇上面前，哪怕是一点无心的失礼都会是滔天的大祸。

戴良一来，朱元璋便召见了他，请他吃饭，还安排宿在会馆中，每天令王公大官们轮番来陪伴说话，朱元璋对戴良说："戴良，我愿用大礼和金币来请你当老师，重用你。你留下来吧，别再逃了。"戴良却说："陛下，我老了，不中用了，身体又不好，不堪大用，我不当官！"这话说了还不止一遍。

朱元璋一气之下将他投入牢狱。4个月后，戴良去世，死因扑朔迷离。死后的戴良终于结束了他几十年的"避仕"流亡生涯，回到阔别的家乡马剑，回到他魂绕梦牵的九灵山，和先他八年去世的赵氏夫人团圆。

戴良以死守住了遗民的气节，捍卫了儒士的尊严。先贤的倔强，给马剑注入一种悠远浓厚的历史感，也给马剑增添了几分潇洒刚毅的自由灵魂。

忠孝璜山镇

　　璜山镇位于浙江省诸暨市东南部，以独特的文化和经济实力雄踞诸暨东南，领衔周边四乡，隐藏一方秘境。

　　璜山这个地名本身饱含丰富的文化内

涵。璜，是一种美玉，半璧曰璜，为佩下之饰。璜山之祖黄杞破敌守庐的故事更是赋予了璜山忠孝两全的文化气质。

黄杞，南宋嘉定、宝应年间人，距今九百年。

大雪纷飞，天寒地冻，1217年的冬天，是一个让黄家刻骨铭心的冬天。十月底，金兵为了抢夺大量财帛子民来为大金皇帝祝寿，向南边苟安的南宋出兵，地处鄂豫交界处的枣阳县已是沟壑皆平，护城河冻成了冰河，与城外的田地一起成为一个大大的校场。放眼望去，白色的背景下一片黑色的旌旗，旗上绣着一个个狰狞的貔貅，那是大金皇帝金宣宗完颜珣麾下的铁骑。

枣阳守备的最高长官统制黄叔温黄大人站在城楼上，扫视着不远处的金兵，神色平静，嘴角微翘。几个心腹亲兵明白，黄大人这是下了必死的决心。

不错，黄叔温知道如今到了为国尽忠的时候了，他的枣阳城里只有五千又冻又饿的兵士，根本不可能挡住眼前杀得红了眼的金兵。

天黑，黄叔温匆匆回到统制府，叫来了儿子黄杞。黄杞站在父亲面前，借烛光的残影，看到父亲瘦削的面容透露出从未有过的慈爱神色。

诀别时刻到了，黄叔温拿出一封信，拍了拍黄杞的肩膀，说："金兵今夜必定破城，你必须趁乱杀出重围，飞马去找京湖制置使赵方，请他快快发兵，夺回枣阳，救黎民于水火之中！"说完，背过身去，用坚定的语气喊出："不许恋战，更不许管你父亲！几万百姓的命在你手上，家族的尊严和荣誉也在你手上，如果不能把信送到，你就是不忠不孝，我黄泉之下也不见你！"黄杞咬着嘴唇，在牙缝里挤出"父亲"两个字。他三跪九叩，连磕九个响头，站起身来，退出中厅。烛光屏弱，他们谁也没有看到，对方青黑的脸上早已泪水滂沱。

当晚子时，城破，宋军战至最后一人。黄叔温力不能支，仍奋毙数敌，殉国时犹挺剑怒视，屹立不倒。

同时，黄杞"单骑溃围"，完成了搬兵的任务。

黄杞杀退金兵，在统制府的大堂上见到自己的父亲。父亲静静地躺着，遗体很干净，脚前还有三支已经燃尽的香，一个负伤的亲兵守卫在旁边，他对黄杞说："这是一位金兵统帅安排的，几个金将还来祭拜过。"

朝廷的恤议下来了，并不是朝廷官员的黄杞由于战功获得了封赏，担任了平乐县尉，没过多久又升为全州知州，但父亲尚未入土为安成为他最大的心病。于是，他辞去官职，扶柩回乡。黄杞没有回到孝义乡去，而是把狮子山当作父亲的长眠之地，也许是觉得狮子山更适合他那像狮子一样威猛的父亲。他在墓旁筑了庵庐，曰之"时思"，以表示他时刻不忘父亲的谆谆教导，为了护墓，他还在墓边堆筑了 座小山，"山环如璜，遂家焉"。

"杞字韦卿，是为璜山之祖。"

璜山，从它诞生的那一天起，就注定是一块玉，吐青气，贯白虹。山如璜，人如玉，"忠孝"两字的光芒在这里万世长存。黄杞"筑山如璜"，不仅是为了勉励后辈子孙，待忠孝如玉石，千年不变，也是为了"时思"先德，不忘教诲。

福泽儒岙镇

　　浙东有山，名曰天姥。其势连绵，其峰巍峨。天姥山，因李白的《梦游天姥吟留别》而名扬天下。儒岙镇就地处浙江省绍兴市新昌县东南部，位于天姥山腹地、浙东唐诗之路精华地。现在儒岙镇还是一个集产业重镇、旅游新镇、文化名镇等荣誉的名镇,且荣获全国重点镇、全国综合实力千强镇等 20 多项综合性荣誉。

儒岙原名徐岙,儒岙镇在很长一段时间内,都被称为徐岙。相传朱元璋族弟朱亮祖讨伐台州方国珍,在经过关岭天台时,关岭天台县尉徐常惠带领当地士兵和老百姓阻击朱亮祖的军队,从而助方国珍他们顺利脱险。

但是,徐氏一族的这一行为却惹怒了朱亮祖,朱亮祖因此迁怒于当地的士民,说要杀尽新昌、天台的徐姓人士。此话一出,新昌姓徐的人人心惶惶,各自回家简单地收拾一番后,扶老携幼地往天姥山深处即今天的儒岙镇东山石磁一带逃跑,因当时该地居住的大多数是徐氏族人,故而以徐命名,称为徐岙。

后徐氏一族走了，潘氏一族定居此处。新昌潘氏的第十五世祖潘哲，字多吉，元朝天历间曾仕于杭。他目睹并感叹时事之非，于是前去徐岙想要寻访李白所写《梦游天姥吟留别》中天姥山的故址。他徘徊于天姥山中，见天姥山连绵不绝，奇峰耸拔，忽入平夷，其中有一隅四围环绕仿佛是一座土城，泽媚山辉，仿佛是造化神秀之所钟，于是开心地把此地作为自己的定居之处。

天历元年（1328），潘氏族人因为家族世代都以儒业而闻名，又因"徐"和"儒"在当时地方方言中读音相同，于是就用儒岙命其所居。潘哲成为儒岙潘氏的头代祖宗，从此繁衍生息，形成一个世家大族。

儒岙镇历史悠久、人杰地灵，自古为仙山福地，经过几百年的岁月荏苒，依然保留着古朴秀美的风光，拥有以"一山一路一桥一庙"为代表的人文遗迹两百多处，可谓不胜枚举。

古道驿马，自然清新，在新的历史时代下，儒岙镇将携一身古朴与进取，散发出独有的魅力！

孟强小将镇

　　"先有南洲丁，后有新昌城。"这句在民间广为流传的谚语，展现着小将镇的历史风貌。小将镇历史文化悠久，人文资源丰富，早在新石器时期就有先民活动，汉

时村落文化足迹遍布各地。现有七堡龙亭、善政乡主庙、方口乡贤祠、灵鹤桥、永春桥、保泉庵、南洲南宋古井等多处历史古迹。所辖南洲村还被评为"浙江省非物质文化遗产旅游景区民俗文化村"。

小将镇层峦叠嶂、蜿蜒起伏、巍峨壮观，在新昌十大高峰中居其六，飞瀑高悬、山溪潺潺、旖旎山水蕴含了典型的江南山水之秀美。春有十里樱花、千亩海棠，百花齐放；夏有竹海听涛，飞瀑流泉；秋有万山红遍，层林尽染；冬有冰雪树挂，玉宇苍穹。四季皆是景，美不胜收！

关于镇名的由来，据明成化《新昌县志》记载："小将村在二十五都，宋有孟强者为将，立庙于此。"镇以庙为名，故名小将镇。

孟强是民间传颂的神将。据民间传言，宋时菩提峰下的一个小村有一年轻力壮的青年名将孟强。

他骁勇无比，屡立战功，被皇帝赏识，赐名为"小将"。孟强并不喜官场纷争和黑暗，因此不愿继续为官，进而向皇帝提出解甲归田的请求。皇帝纵有惋叹惜才之心，但终抵不过孟强的再三坚持，便允诺了他。孟强也如愿回归田园，过着悠闲隐逸的生活。

然而在某年夏秋之交，村里却惨遭天灾——飞蝗蔽日，啮食庄稼。飞蝗的到来犹如晴天霹雳，意味着人们一年的辛苦即将付之东流。乡里的人们都万分惶恐，却又深感无策，只能眼睁睁地看着蝗虫像盗贼一样的"抢掠"，默默哀叹自己命运之悲和时运不济。

有一天，孟强在家做了一份酱醋拌面条，悠闲地坐在外边吃得正香。此时蝗虫又来侵袭，他一时性起之下，将面条的残汤泼向了蝗虫，不料蝗虫竟纷纷落地死亡。他上前几番确认后，心中立喜，原来蝗虫也有可治之法，遂聚集村民将此法奔走相告。村民们习得此法后，都纷纷效仿，果然成效颇足。经过一番抢治后，百姓们一年的辛勤劳作才免落得血本无归的下场。

孟强悟得治理蝗虫的办法，使得村民们在蝗虫口中夺回了自己的粮食。孟强死后，后人为了感激和纪念孟强，协商后将村名定为"小将"，并且还在村口为他建立了一座庙宇，称为"将山庙"，里面祭祀着孟强的坐像。

后来，人们又用小将村命镇名，小将镇就这样诞生了。

如烟的历史，就像菩提峰顶终年缭绕的云雾，为小将的过往披上了神秘的面纱。拨开云雾，展现在眼前的是如今宜居宜业的现代化生态型的花园小镇。

戚军镜岭镇

　　镜岭镇位于新昌县西南部，是千百年来大自然孕育出的一个神奇、美丽的地方。它四面群山环抱、一水曲折婉转，像一颗明珠镶嵌在翡翠般的山水之间。宋朝宰相王爚写道"穿岩之峰高苍苍，峰峦十九摩天光。晨曦煊赫旸出岫，下望苍海何茫茫"，向世人展现着这道得天独厚的秀丽风景。

"镜岭"这个美丽名字的由来，同我们耳熟能详的名将戚继光及其戚家军之间有着某种密切的联系。

14世纪初叶，日本进入南北朝分裂时期，诸侯割据，互相攻伐，争权夺利。在战争中失败了的一些南朝封建主，就组织武士、商人和浪人到中国沿海地区进行武装走私和抢劫烧杀的海盗活动，历史上称之为"倭寇"。

明初开始，倭寇对中国沿海进行侵扰，从辽东、山东到广东漫长的海岸线上，岛寇倭夷，到处剽掠，沿海居民深受其害。明初筑海上十六城，籍民为兵，以防倭寇，取得了一些成效。

至嘉靖二十七年（1548），明朝派朱绔巡抚浙江，兼提督福建军务。朱绔到任后，封锁海面，击杀了通倭的李光头等96人。朱绔的海禁触犯了通倭的官僚、豪富的利益，他们指使在朝的官僚攻击朱绔擅杀，最后朱绔被迫自杀。从此，巡视大臣不设，朝中朝外，不敢再提海禁之事。倭寇更加猖獗起来，并与中国海盗勾结，对闽、浙沿海地区侵扰如故。在倭寇长期为患之时，明朝军队中涌现了抗倭名将戚继光。

嘉靖三十四年（1555），浙东沿海遭倭寇侵扰。戚继光临危受命，调任浙江参将，积极抗御倭寇。他看到卫所官军毫无作战能力，而人民却英勇抗战，于是招募以义乌农民和矿工为主的三千新兵加以训练，组成戚家军。戚家军纪律严明，战斗力旺盛。戚继光注意到倭寇的倭刀、长枪、重矢等武器的特点，即"教以击刺法，长短兵选用"，创造了新的阵

法鸳鸯阵，使长短兵器相互配合，大大提高了战斗力，在抗倭战斗中，屡建奇功，使戚家军名闻天下。

戚家军纪律严明，练兵有素。某一日，戚继光为考验自己军队官兵的品性和军纪，在带领官兵路过镜岭镇的穿岩十九峰时，派人故意在山岭上提前撒下许多金条，但是路过的官兵们都熟视无睹地走过，竟没有一个见财起心。戚继光备感骄傲。而此幕也被当地的百姓看见，口耳相传，戚继光和戚家军也为百姓们所称赞。后来为纪念戚继光练兵有术、戚家军纪律严明，人们称该岭为"金岭"。后又因"金"与"镜"同音，故而又称为镜岭。

悠久的历史、神秘的地质遗迹、秀丽的自然风光、丰厚的文化底蕴，使得镜岭镇兼有"漓江之美，桂林之秀，雁荡之奇"的美称。历史上的大禹、葛洪、顾欢、魏伯阳、王羲之、谢灵运等都在这里留下了大量活动遗迹，步移景换、景随时新，经过几百年的融合、发展、升华，镜岭镇形成了集人文、景观、农业和生态为一体的特色风景。

山水澄潭镇

澄潭镇位于浙江省新昌县西部,曹娥江干流、澄潭江流贯全境,素有"千年古镇""工业重镇"之称。澄潭沿江绿树成荫,翠竹擎天,芳草鲜美。江中鱼多且味极鲜。渔者摇"双飞燕",或用渔网,或垂钓,或用鸬鹚捉来捕鱼。细赏江上捕鱼,真可谓妙趣横生!

早在南朝梁代（502—557）,"长潭"地名便在诸文上有所记载,所以澄潭之前被称为长潭,不久后改为槐潭,而后又复称长潭,清雍正年间（1723—1735）,才改名澄潭。

相传王羲之的后人在他去世之后,仍然保留了游历山水的习惯。五世孙王超之,从小就和祖父一起四处游历,其中一次便是漫溯剡溪源头之一的澄潭江,来到了澄潭地界,只是当时的澄潭还不叫澄潭,而是叫长潭。

偶然的游历相遇,让武举状元、南朝梁天监时（502—519）的武毅将军王超之遇上了这片山水,并为之深深吸引。后来,他在弥留之际向儿孙提出:自己归天后,要将自己埋葬于长潭西山中,他希望自己能与这片美丽的山水长存，静默欣赏。

王超之的儿子王逊之，在临海做太守，但因为父亲长眠在长潭西山，他后来便也在长潭定居下来。为了表示对自己父亲的怀念，又因"怀"与"槐"同音，他将"长潭"改名为"槐潭"。王氏也由此世代繁衍，成为槐潭的望族。

历史上的澄潭王氏，在南宋时期达到鼎盛。《梅山王氏宗谱》中的《长潭当年遗迹序》记载说："我祖自梁武毅将军卜居槐潭，积德宏深。幸平章公与叔侍郎公、季弟提举华甫公、从弟端明殿大学士祖洽公，俱登甲第，创置花园，购松花石、列假山以娱双亲；筑品塘亭于其间，借义而名之曰一品堂；建流觞曲水以迎宾客……又于槐潭横植两街，甃以石板，上自前王庙，下抵古铜庙侧，以大壮观，以利往来。"

　　清雍正年间，因江水清澈而改名澄潭。但自古至今，本地人文字虽写澄潭，口头仍沿袭旧称叫长潭，王超之也一直是人民心中澄潭王氏的头代祖宗。

　　澄潭镇历史悠久，人文璀璨，风景秀美，不仅有"浙东张家界"之誉的穿岩十九峰、千丈幽谷，还有兴善寺。澄潭兴善寺是西晋古刹，谢安、王羲之等人顶礼膜拜的高僧支遁曾在此讲经，在寺院后山养马放鹤，留下一座遁山……

　　时光匆匆，让我们去细细品味这座千年古镇。

彩烟回山镇

　　回山，新昌的南大门，毗邻金华、台州，不仅有其独特的地理位置，而且山水如画。因其一年四季烟霞缭绕，素有"烟山"之美称。穿透这烟霞的神秘面纱，有着数不尽的春秋故事，那一个个的故事犹如一部部悠久而厚重的文化史书。

回山镇因回山地区四围皆山，故而称"围山"，再经历代相称衍化成"回山"两字。而此地每当夏秋早晨，山谷中层云迭出，经朝阳照射，状如彩烟，故又俗称"烟山"。但更为确切地说，回山镇是沿用回山村村名而来的。

在这个彩烟环绕的地方，皇室帝胄杨氏是当地的第一大姓氏。相传大业十四年（618），发生了史上有名的"江都之变"，隋炀帝杨广死于江都。王世充在东都洛阳拥立隋炀帝之孙杨侗为帝，挟天子以令天下。

唐武德二年（619）四月，王世充废皇泰主（杨侗），称帝即位。杨侗殉难后，他的两个儿子杨岐、杨白为免遭迫害而分头外逃。长子杨岐逃往袁州

（今江西）萍乡县萍安里。幼子杨白（荣王）携妃韩氏一路奔波向越州而逃，并乘舟从剡溪溯江而上直抵剡县（今嵊州市），听闻剡东南有彩烟山，可通台（台州）入闽（福建），所以一宗人沿澄潭江往彩烟山而来。

抵达烟山脚下，水路不通，舍舟步行入山。行至韩妃小村（今称），听当地人说：去烟山需要往水路溯江而上，过三十六渡，渡渡要脱裤。登山上乌路，过东河、走西河（今回山东河坂、西河坂），山路崎岖，陡峭难行。而这韩妃早已习惯了金枝玉叶般的生活，从未吃过什么苦头，先前从深宫出来，跋山涉水，后又有追兵，历经千辛万苦才到此地，本就已身心交瘁，今却见群山叠峦、溪流挡道、人烟稀少，山高路险，又听闻了乡人的一番话，便觉得再无出头之日，心想不如一死了之，一狠心便投江自尽。

杨白悲痛万分，但因为后有追兵，也只好在山脚草草葬了韩妃。随后上了彩烟山，此地四面群山，地势险要，而且草木茂盛，是隐居的不二选择，而且还可以防止被追兵发现。同时他认为如果再出深山去都市大邑，只怕会更加危险，遂在沥江三渡定居下来。

后人为纪念韩妃，她自尽的那条江就改名为韩妃江，那个村也改名为韩妃村，并且在那里建造了韩妃庙。

从此，皇室帝胄的杨白在这烟山大地上过上了平凡人的生活，日出而作，日落而息。杨氏一脉也在此繁衍生息，安居乐业，并发展成了今天整个大回山的第一大姓氏。而沥江三渡也成为一段寻求杨氏历史的不二之地。

回山镇不仅有着悠久的文化历史，还有许多秀丽的风景。回山镇域内有丹霞地貌的安顶山，风景如画的门溪湖，具有独特的高山台地风光。此外，还有中国传统村落、回山会师纪念馆、"好官"故里、"浙东西柏坡"等人文遗迹，欢迎你来探索。

罗隐甘霖镇

　　嵊州甘霖镇有一个奇怪的别名叫两头门，这两头门名字的来历与一位晚唐诗人罗隐，有着千丝万缕的联系。

　　很久以前，甘霖镇附近有一个叫作东

王村的地方，此地繁荣富庶，街市足有一公里长，人们称之为骆家大路。一天，罗隐到骆家大路时，见天色已晚，决定找个歇脚过夜的地方。他环顾四周，发现这里至少有千户人家，心想：这么多户人家的骆家大路，总有一家愿意收留我一夜的吧。然后他便挨家挨户询问，可罗隐生得一副奇丑的相貌，当地的村民见罗隐上门借宿，概不乐意，将他拒之门外甚至不愿和他多说一句话。

遭遇了数次这样的打击后，罗隐无奈只好出村，到别处寻歇脚处。他摸着黑到了邻近的一个小村庄，见田野中有一户亮着光的人家，这户人家的房子和先前骆家大路的房屋相比不知差了多少，两扇门面对面嵌在墙里，再无其他装饰，可以说是非常简陋了。

抱着试一试的态度，罗隐走到这户人家门前敲门求宿。过了一会儿，只听见门嘎吱嘎吱地被打开了，一个花甲之年的老婆婆站在门后，瞅了瞅此时衣衫褴褛又其貌不扬的罗隐。罗隐有些着急地问道："我是路过的书生，请问能否让我在此留宿一晚，我第二天一早便走，尽量不打扰您。"老婆婆听完并没有说话，只是往后退了两步，示意罗隐进屋来。见这位老人没有嫌弃自己，罗隐终于放心了。

进了屋子一看，果然是简陋无比：串堂两扇门，屋内像一个路廊，没走几步就能把屋子内走完。这位老人生活一定也很艰苦，罗隐心想。老人说屋里没有床了，罗隐连忙说道："不打紧，不打紧，没有床我靠着墙睡一夜便是了。"但是老人似乎不同意，她让罗隐在原地等着，然后她把屋里的两头门给卸了下来，给罗隐当床板，又把家里剩下不多的食物分给了罗隐。罗隐十分感动，看着眼前年岁已高、满脸慈祥的老婆婆，心里不由得生出一股暖意。

第二天，天蒙蒙亮的时候，罗隐收拾好东西，起身将老人的两头门给装了回去。望着这朴素的门板和简陋的房屋，罗隐心生感慨：唉，大大骆家大路，还不如小小两头门。向屋主老人再次表示谢意后，罗隐便告辞离开了。

后来，诗人罗隐名声大涨，越来越多的人开始打听大诗人的往事。很多人知道了罗隐曾在骆家大路旁的一处简陋的房屋里投宿，人们纷纷追随罗隐的脚步来此处拜访。

没多久，曾经不起眼的小村庄也变得门庭若市，渐渐繁荣起来成为市镇，人们便以"两头门"为之命名。而东王村骆家大路则一日不如一日，最终成为甘霖镇上的一个普通的村庄。

到了清代嘉庆年间，嵊州连年大旱。当时一位叫沈谦的县官召集百姓，敲锣打鼓，请求上天降雨。在沈谦回府正好路过两头门的时候，突然天降大雨，犹如甘霖一般。为了纪念这场及时雨，人们又为两头门取了一个新名字，就叫甘霖镇。

金牛三界镇

　　三界镇位于嵊州北部，水陆交通便利，有嵊州"北大门"之称。三界是一个"五山四田一分水"的丘陵地带。

　　三界镇有一个传说故事，是关公索寿

礼的故事，一直被人们口耳相传，流传至今。

很久以前，三界杜家堡村有兄弟两人，供养一个老娘。因为缺田少地，有力没处使，日子仍然不好过。这一年，恰好碰上了大旱灾，生活更加没有出路，兄弟俩只好到嘉兴王店镇大地主钱惠财家做长工，并讲明是从三月做到十二月，工佣折付大米八斛，粗布八尺，到期付给。还立契画押为证。

兄弟俩辛辛苦苦熬过了十个月，到了年关，兄弟俩拿了契约来见钱惠财："大点王，家里来信，老娘有病要回去照料，我们也满了工，请您照契约支付给我们工钱，好让我们兄弟俩回去过个好年。"钱惠财接过契约，冷不防被身后的财主婆一把抢过，撕成了碎片，摔在地上，恶狠狠地说："没那么容易，要拿工钱先把大院子里和门口大路上的积雪打扫干净再说！"说完，就把钱惠财拉进了内房，不理他们了。

杜氏兄弟站在那里气得浑身发抖，天底下哪有这样不讲理的事？可是人家有钱有势，谁来给你外乡穷人讲话？阿弟叹了口气说："我们穷人命苦，难道真的是前世注定的吗？我们去算命看看。"于是兄弟俩就来到街东头冯瞎子家。

冯瞎子为人机智正直，邻近一带都说他是穷人的贴心人。他听杜氏兄弟把经过情形一讲，心里也很气愤。他沉思了一会说："唔！有对付他的办法了！你们附耳过来。"他如此这般地讲了一遍，兄弟俩一听心里高兴，连声称妙，当即照计划去行事。

第二天天一亮，钱家人打开大门准备扫雪，一看雪上有一行草鞋脚印，差不多有两尺长，脚印是从钱家大门走向附近的关帝庙的。奇怪的是并没有来的脚印。家人感到惊慌，连忙喊起还抱着老婆赖在被窝的钱惠财。夫妻俩跑到门口一看，身子像筛糠似的发抖，财主婆更是吓得大嘴一张，两眼发直，急忙往门房一靠，有气无力地说："这是大脚鬼的脚印，是祸根福根难说。"钱惠财慌了，赶忙叫人到冯瞎子那里卜卦问吉凶去了。

冯瞎子听钱家人这么一说，忙焚香祷告。只见他摇头晃脑，念念有词，突然大叫一声："不得了，不得了！"今天是关王大帝的生日，他差周仓到你家来催寿礼，要是办不妥，钱点王性命难过正月十五！家人一听急了，忙问要什么寿礼？还要多少？冯瞎子装腔作势掐指一算说："还好，不多不多，像钱点王那样的家当，只不过是九牛拔一毛。听着：猪头四个，雄鸡四只，鲜鱼四斤，红枣四斤，白糖四斤，老酒年糕四斤，白米粽四十只，再加上大蜡烛四对，香四封，要在今日子时送到关王庙。"

冯瞎子接着又说："要是你们不相信，可以派人去关庙周仓神像看有什么异常没有。"没过多久，仆人慌张跑来说："真是怪事，周仓的鞋子湿湿的，脚背还有雪呢。"家人立刻回家告诉了钱惠财夫妇，他俩一听，哪敢违抗，只好忍痛割财，吩咐账房，照数备好，到半夜子时送到关王庙去。

后半夜，杜氏兄弟俩就代表关王大帝取走了这份丰富体面的寿礼，把一部分留下酬谢给冯瞎子，然后分作两担，高高兴兴挑着回家过年去了。

原来那天夜里，兄弟俩照着冯瞎子的计划，先照周仓神像泥脚尺寸，编织了一双长一尺八寸的大草鞋，再由老大倒穿草鞋从关王帝大步走到钱家门口，留下一大行脚印，然后脱掉草鞋，拐过屋角，回到冯瞎子家里，并一路清扫自己的脚印。就这样兄弟俩拿回了属于自己的工佣，回到了家。

关公索厚礼的故事虽然是民间的小传说，但是他所传达给人们的是做人的根本，要讲究诚信，只有心里坦荡，那么就不会惧怕任何牛鬼蛇神。

报恩长乐镇

在嵊州的西部有一个小镇，山川秀，人文杰，物产丰，民风淳。几千年来，勤劳勇敢的先辈们艰辛开拓，世代相传，在这块土地上留下了辉煌的业绩，令人自

豪，成为一方钟灵毓秀之地，这个小镇就是长乐镇。

在长乐镇一直流传着一个关于南庄草药的故事。

相传在长乐镇上有一座美丽的山，叫桃花山，在桃花山脚下有一个村庄，叫作下南庄。这个村庄因为一种妇科草药而闻名当地，许多外地人都慕名而来，求医问药。

传说很多年前，有一个猎人，在桃花山上打猎，看到竹林里有一只老角麂，举手就是一枪。谁知未伤着要害，老角麂拼命逃跑，猎人在后面追赶。

时间已经是傍晚了，老角麂闯进下南庄一位大妈家中。大妈正在纺纱，见老角麂泪流满面，点头不止，似乎在向她求救，大妈产生恻隐之心，扯起布裙，让老角麂躲在裙下。

不多时，猎人喘着气进门来，问："你看见一只受伤的麂吗？"大妈假装生气："我只顾纺纱，哪有什么闲工夫管你什么鸡呀，鸭呀的。"猎人环顾屋里，一目了然，实在没有可以藏麂的地方，就出门往前追赶。大妈救下老角麂，又给它包扎伤口，天黑后把它给放走了。

两年后，大妈的媳妇要分娩了。临产时，痛得在床上打滚，两天生不下来，全家束手无策。正在这生死关头，那只被大妈救下的老角麂，忽然跑到屋里来，嘴里衔着一束青草，到产妇床前轻轻放下，又朝着风炉看看，走了。大妈会意，连忙把青草放在瓦罐里煎成汤，给媳妇服下。没多久，"哇"的一声，孩子落地，母子平安，合家高兴。

后来，大妈发现附近田野都长满了这种草，就采回晒干，遇到有妇女临产不顺利时，或者产后发生各种疾病时，就把草药送给她们煎服，十分灵验。这样，一传十，十传百，名声越来越大，求药的人也越来越多，村民们纷纷挂牌卖药。

中华人民共和国成立初期，下南庄近百户人家，售药者尚有十六家。他们在家中墙上挂着一幅画：一只老角麂，口中衔着一枝青草。这种草对做母亲的，好处实在太大，因此命名为益母草。南庄草药就是以益母草为主药，再根据不同情况，加配红花、通草等中草药合成的。

益母草到处有，但人们宁愿赶到下南庄来取药，只认"南庄草药"为正宗。因为这里是老角麂衔草报恩之地。

南庄的报恩故事虽然已经过去，但知恩图报的长乐精神还在一代又一代地传承着……

望娘石璜镇

石璜镇位于嵊州西面，紧靠西白山，风景秀丽，石璜镇粮、茶、桑、林、果、渔并举，是嵊州重要的商品粮食基地。石璜紧靠西白山，在军事上进可攻，退可

守，地势险要。因此在 1942 年，嵊县沦陷，日军并未侵占石璜。

据《王氏宗谱》记载，先祖王维承于元代末年，为躲避战乱，携带眷属来到此地，见菱湖、罗溪山川秀丽，景色宜人，而世其家焉，并以盘石相安之义，定名"石王"，后演变为"石璜"。

石璜镇有一个美丽而又凄惨的传说，讲述的是关于村里一块石头的故事。

不知在哪个年代，也不知在哪个村庄，有一对贫苦的夫妇，养了个女儿，名叫丹丹。丹丹，多么美丽的名字，丹丹和她的名字一样美丽。丹丹十岁那年，遇上了灾荒，老百姓连树皮草根都采尽吃光了，眼看再也无法生活下去，爹妈将丹丹送给石璜镇上一个大户人家，打算自己逃荒谋生去了。

金窝窝银窝窝，不如自己家里草窝窝。小丹丹

说啥也不肯离开自己的父母,小丹丹牵着父母的衣角,哭了:"阿妈,阿妈呀!阿爸,阿爸呀!我不去!我要在家里……"

阿妈哭了,阿爸流泪了。阿妈和阿爸撩起衣襟,抹抹眼泪对丹丹说:"丹丹呀,去吧!阿爸阿妈家里穷,阿婆家里好享福呀!"丹丹摇摇头,多懂事的小丹丹啊,多天真的好女儿!阿妈的心碎了,阿爸的肝裂了。

阿妈忍着泪,哄丹丹:"丹丹呀,妈的好宝贝!十天半月,阿妈来接你,丹丹噢,乖……"小丹丹擦擦眼泪被人带走了。阿爸阿妈昏倒在地上。

穿过一个又一个村庄,越过一条又一条峻岭,小丹丹来到一个小山村,进了婆婆家。

婆婆真狠呀!小丹丹进门,三规五矩就定分明:"生是我家人,死是我家鬼,一举一动都得听我令!"

婆婆真恶呀!她的心肝不是肉长的。烧火、涮锅、倒马桶、喂猪、喂鸭、放牛羊,洗涤小叔小姑的尿布,都往小丹丹身上压。稍不顺心,婆婆就大发雷霆,手拧、针刺、火钳烫,什么样的手段都使得出。

丹丹来到婆婆家,就像落入地狱。她受尽了婆婆的虐待,有苦无处诉,日也望,夜也望,眼巴巴望着阿妈把她接回家。十天过去了,小丹丹想:阿妈怎么没来呢?半月过去了,小丹丹想:是阿妈忘了吗?

丹丹望呀望,丹丹盼呀盼,阿妈还是没有来。一天,洗碗的时候,丹丹摔破了一只盏。婆婆把丹丹打得鼻青脸肿,丹丹伤心极了。她想起了阿妈。三年前,有一回小丹丹瞒着阿妈学洗碗,不留神打碎了一只大花碗,难过得半天没开腔。阿妈发觉了,一把将丹丹抱起来,说:"我们的小丹丹会洗碗啦！"阿爸乐得把小丹丹亲一遍又一遍……想呀想，小丹丹又伤心地哭了。

夜深人静，月光如水。丹丹跑出婆家，来到村头的大岭口。大岭口，又高又陡，透过群山，看得到远处的村落。

"阿妈呀，你可知道丹丹在受苦吗？阿妈啊，你快来看看小丹丹吧……"丹丹大哭了一场。这以后，丹丹一有什么委屈，便在夜深人静的时候，一个人偷偷到这里来哭。天长日久，这事被婆婆发觉了。廿年媳妇廿年婆，制得服媳妇就是福。婆婆警告小丹丹："苦，苦，这叫什么苦？哪个女人不是从苦海里闯过来？再跑出去哭呀，就要打断你的腿，就要你的小八字！"

不幸的事终于发生了。一次，丹丹上山去放羊，被狼叼去了一只小羊羔。可怜的小丹丹被婆婆打得遍体鳞伤，死去活来。夜深人静的时候，小丹丹又来到大岭口。小丹丹边哭边诉说："人人都说黄连苦，我的命却要比黄连苦十分。阿妈啊，你快快来啊，你快快来，快把你苦命的丹丹救出这苦海……"

不料，这一回又被婆婆发觉。狠毒的婆婆抡着棒槌赶来了："小贱婢，这回决不轻饶了你！"凶恶的婆婆追到跟前，眼看棒槌就要落在小丹丹身上，丹丹猛地喊了声"娘——"！就奋力朝岭上的峭壁撞去……小丹丹撞在峭壁上，变成了石头。这石头，像一个似怨如怒、如泣如诉的少女，伫立在岭上向远方眺望……

人们非常同情丹丹的遭遇，后来，就把这条岭称为望娘岭，把这块石头叫作望娘石。自那之后，望娘石就这么静静地陪伴着石璜镇的人们。

五虎崇仁镇

　　在嵊州的西部，有一座美丽幽静的
江南古镇，至今保留着庞大的古建筑群，
虽历经千年但风貌依旧，这个镇就是崇
仁镇。

　　据《裘氏宗谱》记述："先祖裘睿于晋建兴四年，随晋元帝南渡，隐居婺州。子尚、义熙中徙会稽云门，世廛耕桑，守以仁义，凡十有九代，聚族六百，人不异居，家不分炊，循规蹈矩，尽绳家法。由是大中祥符四年，宋真宗皇帝敕赐旌表，其号义门，以励风俗。"裘氏家风，以崇尚仁义为本，崇仁之名似源出于此。

　　崇仁镇西有瞻山，山之巅曰灵峰，峰顶有天然巨石三方，名"弈棋石"。相传东晋高僧帛道猷结庐于瞻山之麓，山上有礼拜石和棋盘石。帛道猷在此地研佛之余，以棋会友，棋艺传入民间，崇仁镇棋风至今盛传不衰。围棋之于嵊州，就像柴米油盐一样是日常生活中不可或缺的一部分。清末光绪年间，沈守庚、裘浦南、裘东侯、裘振才、裘素浩等人棋艺不凡，号称"五虎"。

被称为五虎之首的沈守庚，棋风算路精确，善于变化转换，杀伤力很强。沈守庚从小聪颖好学，技艺超群，心胸豁达，喜交朋友。他一生有两大爱好：书法和围棋。书法水平在崇仁镇上绝对一流，有"清晨空腹必挥毫"之说。自少年涉足黑白之道起，沈守庚与镇上的小棋手终日捉对厮杀，如痴如醉，由于他悟性极高，所以在众多对弈中渐渐锋芒毕露，成为佼佼者。

老五虎之一裘东友，从小酷爱围棋，长成后留学日本，看到当时日本围棋水平远高于中国，萌发要振兴祖国的愿望。留学后，在上海汇丰洋行任职，其间结识一个叫黄道志的围棋高手，回乡后把黄道志介绍给沈守庚。由于沈守庚虚心好学，加上黄道志倾心指导，所以棋艺进步迅速。

1904 年，上海有位绰号"秋老虎"的双枪将，即围棋、中国象棋高手潘朗东，在杭州"喜雨台"设下围棋擂台，经过多日设擂，当地棋手皆败北。潘便夸下"打遍天下无敌手"的海口。杭州棋界为之动荡不安。杭州棋界为挽回颜面，于是派人到崇仁与海宁请民间高手。

来人在崇仁打听到沈守庚棋艺骄人，人又年轻聪明，便登门相请。因为沈守庚本身对棋艺的热爱及来人的诚挚邀请，于是答应去会会潘朗东。但当时去杭州交通并没有现在这么便利，他是被人雇用"抖子轿"抬至绍兴平水后，乘船前往杭城的。

沈守庚来到杭州，报名攻擂，言明三局两胜制。第一盘两个人都纹枰对座，互致礼数，潘朗东看他不过是一个二十岁的少年，眼角露出不屑一顾之色。沈守庚虽然在崇仁棋界棋艺超群，但在上海名将前技艺如何，自己心里并没有底，一时心里发慌，忐忐不安起来。但当摆开棋盘,投下第一颗棋子起,沈守庚就告诫自己:"不能浮躁,一手一手来。"

一盘之后,沈执黑子完胜潘朗东。第二盘开始,潘一上来看着凶狠,沈稳健应对,由于战斗激烈,沈守庚满身是汗。最后由于潘少一个劫材,无奈投子认输。沈守庚两胜"秋老虎"后,名声大振杭城。杭城棋界为表示祝贺,赠送给他厚礼和《东瀛围棋精华书录》等书。在此之后,崇仁五虎开始渐渐走向人们的视线。

在以沈守庚为首的"老五虎"之后,又逐渐出现了裘忱法、裘瞿章、沈伯寅、裘法成、裘忱松"新五虎"和裘宝库、裘忱钧、裘方顺、裘培裕"小五虎"。而被称为"新五虎"之首的裘忱法,与沈守庚有着相同的经历,在迷上围棋之后,日日以棋过日。他与沈守庚相交,经常与他切磋棋艺,两人成了莫逆之交。

1915 年，上海围棋高手斯霞儿在杭州"喜雨台"设擂，一连数日，虽杭州棋手个个身手不凡，但没有一个是他对手。于是裘忱法的棋友金源芗邀请他去杭州攻擂。在金源芗的催动鼓舞下，裘忱法跳上擂台。第一盘裘忱法不敌斯霞儿，但心中已经有了分寸。接下来一盘盘地下来，斯霞儿连败，逼使斯霞儿在裘忱法面前称臣。裘忱法在经过杭州这一段时间的切磋钻研和接受棋理之后，棋艺更有长进，一改大杀四方的风格而变得更加细腻起来。

从"老五虎"到"新五虎"到"小五虎"，崇仁的围棋名震全世界，而崇仁也因此被许许多多人所熟知，一代又一代"五虎"将崇仁的精神，在历史的长河中慢慢发扬。

寻宝金庭镇

　　唐裴通称："越中山水奇丽剡为最，剡中山水奇丽，金庭洞天为最。"东晋著名书法家王羲之晚年称病卸任，尽山水之游，携妻子归隐金庭。

金庭镇在嵊州东部，因境内有金庭观而得其名。金庭不仅是"台属之乡"也是"越剧皇后"姚水娟、"越剧皇帝"竺素娥等人的故里。

在金庭观外，有一块岩石，上面刻着"别有洞天"，下面有一丘田，这里面有一个神奇的传说。

这口田叫"八亩头"，有一年，田主王金福全种上了西瓜。经过精心培育，西瓜苗长势很好，深绿的瓜蔓爬得满满的，可是只见藤来不见花，翻来寻去只见藤底下有只拳头大的小西瓜。怪得很，它见风就长，刹那间，变成一只二十五六斤的大西瓜，把金福老汉惊得说不出话来。

正在这时，有个徽州朝奉路过金庭，听到了这件怪事，不觉大喜若狂。原来，他知道"洞天福地"这块岩石下面有宝，而且时常放射出不为常人所察觉的宝气。可是，采宝需要有一件特殊的工具，每年只有一次采宝的机会。多年来，他一直期待着机遇的到来。

这天，朝奉来到"八亩头"，对田主言明，愿意出二十两银子买下这大西瓜。金福一听高兴地说："好，好！"转而一想："既然朝奉肯出二十两银子，肯定是个宝贝。"就转口说道："不卖了，辛辛苦苦种起来，留下来自己吃。"

朝奉觉得：金福不卖是假，想要得宝是真。但又怕他万一真吃了，那岩石下面的宝贝不知要到哪年才能采出来，为了同心协力采到宝，朝奉只得把采宝的工具、时间告诉了他："采这宝需要有一样特殊的工具，喏，念宅村边有两扇石门，门缝中生长着一株金竹，刚好做秤杆，西瓜做秤砣，瓜藤做秤纽，再用个金打的秤钩，到某年某月某时辰，才能采到。"说罢，把随身带着的金钩交给金福保存。双方说定，到时一同开采，各得一半。

"良心墨黑，宝要独得"的金福夫妻俩认为，采宝的特殊工具已有，时间也晓得了，再无多大困难，不必再等朝奉到来。于是，在约定时间的三天前，到念宅石门砍来了金竹，再去割来瓜藤，摘下西瓜，一杆奇特的秤做成了。

这天夜里，金福夫妻俩用金钩钩住岩石上的岩孔，然后用全力将岩石抬起，顿时，万道金光射出。只见下面是个巨大岩洞，十八个金罗汉正在做道场。金福俩高兴得不得了，急着要下去，可是没人帮他们抬住岩石。

夜阑人静，临时找不到帮手，只好呆呆地望着、望着，时间一长，肩膀酸得像脱落一样，再也吃不住了，"嘭"地一声，岩石跌了下去，金福夫妇也被摔到一丈开外。他俩哪肯死心呢？决心蓄足力气再

动手。哪知第二次抬时，岩石纹丝不动了。

第三天，徽州朝奉准时来到念宅石门采金竹，想不到扑了个空。这时，他感到情况不妙。匆匆赶到"八亩头"，才得悉了详情，心里万分懊丧。他望着岩石上"洞天福地"四个大字，仰天长叹："唉！贪心者，勿得宝也！"

这块石头就这么在金庭观外矗立着，世世代代告诫着人们勿贪心这一人生道理。

孝 顺 下 管 镇

　　下管是上虞市（现绍兴市上虞区）东南边缘的一个山乡小镇。时光的年轮赋予它"千年古镇"的称号，据史书记载，下管于宋熙宁年间（1608—1077）置乡，

1932年建镇，一直是虞南重镇、商贸重地。

孝是中华民族的传统美德，是人伦道德的基石，是传统文化的瑰宝。上虞是孝德之乡，虞舜、曹娥孝德感天动地，下管与之一脉相承。

这里就流传着一个关于下管子孙徐强至孝的故事。

在时局动荡的旧社会里，他与祖母、父亲和从小做童养媳的母亲相依为命。在徐强三岁时，家中负债累累，难以度日，徐强的姐姐、妹妹在断奶后就送给人家去做童养媳。母亲在走投无路中，忍痛离家去上海当奶娘。开头两年，母亲还寄些钱和衣物，到后来抗日战争爆发，上海沦陷，母亲随东家逃难到定海沈家门做保姆，从此再无音讯。

徐强从小没有得到过母亲的关爱，没有衣服、鞋穿，就赤膊赤脚去上学。他逐渐长大懂事后，对母亲愈发想念，立誓一定要找到母亲。1955年4月，21岁的徐强突然收到下管福春堂药店转给他的一封信，这封信寄自浙江省乐清县的一个上五宅村，信是他母亲寄的。

有了母亲在乐清的消息，徐强欣喜不已，此时他在部队。他立即把母亲当年离家和失去联系十八年的情况和自己想去找母亲的想法，向部队首长汇报。首长批准他先去信与当地人民政府联系，了解清楚母亲的情况。

不久，他从乐清县地方政府寄来的调查材料中知道了母亲的情况：原来，母亲在定海沈家门做保姆时，曾多次有信、钱和衣物寄到下管家里，但得不到徐强父亲的回音(徐强父亲确实没有收到信、物)，母亲以为丈夫对她无情义，不要她这个人了。母亲在外生活十分艰难，后来与一个在码头当搬运工的黄伯伯相识而结婚。在中华人民共和国成立前夕，两人从沈家门回到黄伯伯的家乡乐清上五宅村落户。

徐强得知母亲有回家的想法，便与黄伯伯协商，也得到他的体谅和同意，办理了离婚手续。1956年10月，徐强将母亲接回下管与父亲团聚。当时父亲对母亲怨气未消，认为她一走十八年，对父子俩的生死不闻不问。徐强一边劝慰父亲，一边向邮局查询，父亲才消除了对母亲的误会，从此言归于好。

徐强于1957年患关节炎从部队复员，被安排到上虞医药公司工作。父亲于1958年突然患视网膜脱落，双目失明，全靠母亲料理。后来，母亲病逝。徐强将双目失明的66岁老父亲接到百官，父亲大小便失禁，又有咳嗽多痰、老年性皮肤瘙痒等症。徐强和妻子细心服侍二十九年，换洗衣裤，毫无怨言。

父亲于 2003 年病逝，享年九十五岁。

下管后代，徐氏子孙，自始祖始，以孝德为立足之本，为教化后代之器。中华优秀传统美德，在这里经久不衰……

方岩长塘镇

长塘镇位于上虞市（现绍兴市上虞区）西南部，与绍兴县（现绍兴市）富盛镇为邻，这座小镇被会稽山北麓群山环绕，资产富饶，人文鼎盛，富有"状元之

乡""竹笋之乡"的美誉。

清康熙时，港口官房的主人何方岩公，出生于长塘镇何家楼村一个叫马面踏道的地方（现属港口村，已填土成路）。何方岩少时读过一点书，后因家境困难，半途辍学。虽说人生坎坷，举步维艰，但人极其聪颖，吃苦耐劳，后经人介绍到当地官府任使役一职。因笔墨较好，人又聪明机灵，在同行中出类拔萃，后给兵部尚书做近侍。

有一年过年，兵部放假，他在值班，因无聊就唱大调（即戏文）解解闷，适值康熙帝带着侍卫来闲逛，见他唱戏，觉得好奇，便问他："你在唱什么？"何方岩公很聪明，灵机一动，说："唱太平戏。"皇帝听了自是欢喜，于是又叫他对课，他又流利对出，便问他是哪邑人氏，何方岩公答："绍兴府会稽县伧塘（原长塘名）人。"皇帝浅浅一笑，见他文采斐然，心想这文人定是个有用之才。

后来，宁波近海发生海盗抢船掠夺货物事件，皇上派了钦差大臣前往宁波破案。盗贼很是狡猾，钦差大臣既查不出贼盗，又想不出破解的对策，无奈回去复命。皇上大发雷霆，怒斥大臣的无用，忽而又想起曾对文过的何方岩公，便召他觐见，封他按察使一职，受命前往破海盗案。

到地方，何方岩公便衣打扮，走茶馆、宿旅店，多方寻找蛛丝马迹。皇天不负有心人，最后擒拿海盗、成功破案。

宁波府台十分欣喜，决定立即向皇上呈报喜讯，奏报中言"海口失盗"，请何方岩公过目。他在"口"字中间加一竖，变成了"海中失盗"。"海口"乃近大陆港口，若"海口失盗"一事不破案，宁波府台将背负久不擒获海盗的责任。而"海中失盗"，则因大海茫茫无际，捉拿海盗无异于海里捞针，捉拿海盗有所延误也是情理之中。府台听完何方岩公一番解释，心中很是感激，多次向皇上奏报，美言何方岩公的善举。皇帝对他成功捉拿海盗更为赏识，重用封他做官，屡有晋升，官至御察使、刑部尚书。

长塘镇风景优美，代有人杰，曾隐居于广陵村的魏晋"竹林七贤"之一嵇康，正直不媚权的文状元罗万化，科学报国的先驱杜亚泉，素有"一代宗师""国学大师"之称的中国书法界之泰斗马一浮，如一颗颗闪亮的珍珠，在各个领域独领风骚。

红色永和镇

　　永和镇位于上虞区东部，东面由余梁公路与余姚相连，西面与丰惠镇接壤，风景秀丽的四明湖近在咫尺，交通便捷，景色迷人。

据历史资料记载，从唐朝长庆二年（822）到光绪二十四年（1898），永和镇成为全县建成的二十一个集市之一。它不仅是古老的商埠，也是一个红色古镇。永和，在这片红色的土地上，在这片敌我犬牙交错的战略之地上，革命斗争风起云涌，惊心动魄。

在革命战争年代，永和镇倚仗有利地形与四明山浙东游击纵队遥相呼应，一批批有志青年纷纷走上了革命道路。1905年，在永和朱胜村，抗战英雄何云出生于一个破落的书香家庭。他六岁进本村的启文初小读书，十岁考入县立第一高等小学，十五岁考入浙江省山立绍兴第五师范学校。

1923年秋，何云从师范毕业回到上虞，在横塘庙杨馆贻福小学当教员。他和同校教师、中共党员钱念先在贻福小学办起农民夜校。随后，越来越多的热血爱国青年加入何云创办的队伍，他们一起传播文化知识，宣传革命理念。1926年12月，何云参加叶天国主持的中共上虞县（现上虞区）支部成立大会，任第七区分部委员一职。此后，他以教师的身份投入工农运动的宣传工作，不辞辛劳，恪尽职守。

1930年春，何云入复旦大学中文系做旁听生，8月赴日本读书。

"九一八事变"后，何云愤然回国，毅然决然投身抗日救亡运动，并在上海加入中国共产党。1933年何云不幸被捕，他在狱中受尽非人的折磨，但面对严酷残忍的刑罚，他仍然坚贞不屈，革命意志坚定不移，理想信念毫不动摇，誓死捍卫中共中央的重要机密，忠于党，忠于人民。

七七事变后，国共两党重新开始合作，何云被保释出狱，后在武汉参加中共中央长江局筹办《新华日报》的创刊工作。1938 年，党中央决定在太行晋东南创办《新华日报》华北版，任命何云担任社长和总编辑。

次年元旦，华北版创刊，何云以笔代枪，撰写大量的社论和专论，极大地鼓舞了广大军民反"扫溪"的斗志和抗战到底的决心，还受到朱德总司令嘉奖。1942 年 5 月，日军在太行山区发动"铁壁合围式"大扫荡，5 月 28 日黎明，何云率领同志们冲破三万重兵的包围时，不幸被一颗罪恶的子弹打中，壮烈牺牲，年仅三十七岁。

在这片英勇不屈的土地上，屹立着革命斗争的红色丰碑。山岭溪壑，硝烟弥漫；弯弯山道，急行着负枪荷弹的革命者身影。

历史不能被遗忘，它将永远被铭记。现如今的永和镇，秉着"一心、二态、三性、四板块、五个一"理念打造焕然一新的红色小镇。

乾隆崧厦镇

　　崧厦霉千张是绍兴市上虞市（现上虞区）传统的地方名菜，制作历史悠久，具有独特的风味，它以鲜洁、清香、素淡而闻名，是豆制品中的佳品。

乾隆皇帝游江南，吃厌了山珍海味，每到一地，都爱尝一尝当地的风味特产。有一天，乾隆皇帝感觉胃口不开，食欲大减。随从官员看在眼里，急在心里，便找厨师商量："能不能烧一碗开胃菜？"开胃菜，有啊，崧厦霉千张！一闻就能提神，一吃就能开胃，一碗饭"哗哗"就下去了。

这选霉千张，大有讲究，要选霉得恰到好处的，不霉不好吃，过霉也不好吃。霉千张的传统吃法，就是清蒸。厨师先用凉水冲洗，一段段均匀切片，齐齐摊在盘中，撒一些细盐，安放在锅架上。文火蒸熟后，一开锅，顿时香气四溢。厨师顺手浇了点麻油，便让人端了上去。

乾隆皇帝一见这道菜，颜色清淡嫩黄，看着十分素雅；香气更是诱人，沁香直透鼻脑。色香已是具备，不知味道如何？乾隆喉头一润，顿感食欲大开。他马上用筷子轻轻夹来一尝，只觉松柔鲜美，清香入味，入喉即化，毫不腻口。不知不觉，一碗饭已落肚，感觉不饱，又添了半碗。霉千张过饭，吃得蛮舒服。

饭后，捧上茗茶，围坐闲聊。乾隆皇帝问："那盘一片片像云片糕一样的，叫什么菜？"大臣答道："那叫'崧厦霉千张'。"乾隆皇帝不由地感慨说："崧厦，那一定是风物并茂之地，朕很想去观赏一番！"

乾隆皇帝随口一说不打紧，大臣一听，可着忙了，那可是"圣旨"呀！上虞县官得知这个消息，深感这事非同小可。谁都知道，乾隆皇帝游江南，前呼后拥一大班随从，要吃要用，不知得花多少银子？俗话说："皇帝到过的地方，要受三年穷。"

县官思前想后，决定挡驾。他便向乾隆皇帝报告："皇上，崧厦在东海边沿，到那里要过东关，渡曹娥江，还要经过九凌湖、八蔡林、十江口，路上多有风险。到了崧厦，先要经过高小桥，高小桥，高又高来小又小，十分危险。崧厦还有一座呆大桥，南十三，北十四，桥上有座塔，塔里还有十八个罗汉……"

乾隆皇帝听到这里，心里有些害怕了，他想："到崧厦，要经过这么多凶险的地方，这座呆大桥，真当有些大，南面十三里，北面十四里，这个河港不知道有多少阔？万一人掉下去，可就不能活了！"想到这里，安全第一，还是作罢。

于是，乾隆皇帝叹了口气说："崧厦霉千张好吃，可惜崧厦难到！"

沥海丰惠镇

　　丰惠镇，位于绍兴市上虞区东南部，东邻东方大港宁波，西毗省会城市杭州，南连民营经济高地温州，北望国际大都市上海。

关于丰惠镇的沥海有个神秘传说,相传有神灵守护着这片风水宝地,所以文化荟萃的千年古镇才能一直熠熠生辉,焕发光彩。

据说很久以前,在上虞的北面海涂(在沥海以北)有一座四衢八街,川流不息的都城。经济的繁荣、生活的富裕导致了人们贪图享受,民风败坏。这事传到天界,玉帝得知后大发雷霆,便派了一位天界使者下凡私访,一探究竟后惩罚贪婪的人们。

这天,天界使者化成一白发老者,在东城门赠送菜油。于是全城轰动,贪得无厌的百姓掏空了米缸、水缸,甚至是粪缸,一哄而上。

话说此时,城西住着母子俩,贫穷落魄,相依为命。母亲卧病在床,其子年纪尚小。因家中已断油多日,母亲从隔壁邻居借来一文铜钱,让儿子去市集上买点油回来。并告诫他:"一文钱只能买一勺油，不少要，也不能多要。"

少年来到市集，正逢老者在卖油。挨肩擦背的队伍可谓壮观，临到少年买油时，老者给了他大大的一罐。少年谨记母亲的嘱咐并向老者说明缘由，只要了一勺油，还付了一文铜钱。

老者顿时一惊，心想此地民风败坏，百姓只图享受私利，却料想不到还有如此母子，虽家徒四壁仍不贪财。老者十分同情母子二人，心想绝不能让善良之人白白送死，就拉着少年到一旁，凑耳细说："小孩，我看你中肯，告诉你一件事情。你以后每天早上去东城门口，看看那两只石狮子的嘴巴，如果里面有血了，那你赶紧和你母亲向南逃命去吧！"

回到家中，少年与母亲谈起此事，母子二人觉得甚是神秘。从那以后，少年心中一直记着老者吩咐的话，每日都去城门口一探，这引起了摆肉摊屠夫的好奇。屠夫一天早上揪住小孩问缘由，孩子终归是老实憨厚，把老者的话一五一十地告诉了他。屠夫听完后哈哈大笑，决定糊弄下小孩。

第二天，天还蒙蒙亮，屠夫把血手往狮子嘴巴中涂了一下。少年照例地来看狮子嘴巴，一看匆忙地跑回家，对母亲说，我们赶快搬家逃命去吧。等母子刚出城门，海上的洪水果然来了，足足有十米高。瞬时，海啸就淹没了整座小镇并向南一直追来。少年背着病重的母亲南逃，不料一个趔趄摔倒在地，眼看母子俩快要被洪水淹没的时候，奇迹发生了，洪水在母子俩的脚后跟停住了，像一堵墙雄然伫立，止步不前。不久，水便乖乖退去。母子被眼前的景象吓丢了魂，跑也跑不动了，便在此定居盖草房，过起了安稳简单的生活。

　　时光匆匆，丰惠沥海母子的故事，一直告诫着世世代代的后人，真诚善良为立身之本。

龙禹盖北镇

　　享有"江南吐鲁番"美誉的盖北镇中有一座夏盖山，山中盛产甘甜美味的葡萄。说到夏盖山的得名，不得不追溯到很久很久以前的夏禹了。

尧在位时，黄河水泛滥，尧派鲧治理黄河水，可鲧消极怠工，治水不成。鲧死后，鲧的儿子禹接手治水工作。

一天，禹和往常一样拿上工具准备工作。这次要去一座盖子一样的山中测量开凿点。一路上，烈日实在难熬，禹让大家找个树荫休息片刻，一伙人才得以短暂逃离这烈日。

禹拿下挂在脖子上的麻布擦汗，口渴极了，找遍身旁的草丛，终于在一片一片绿色野藤之下，发现串串果实。于是禹拿下一串果子便往嘴里塞，"甜啊！"禹忍不住发出惊呼，工人们也纷纷围过来，在这"火炉"中还有这小果子能解口渴，妙哉。

待到太阳被云遮住，禹一伙人又开始赶路。"听当地人说，这山中有龙出没，不知是真是假。""怎么可能呢，龙怎么会在这种地方，再说了，龙是真是假还不知道呢。"禹听有人聊到龙,也没当回事。"真有龙又怎么了?还能帮我治水不成。"禹心想。"你们看,那里有一潭湖水!"一个大哥喊道,禹朝着大哥指的方向望去,确实有一潭湖水。"大家下去喝些水,看看这附近能不能凿渠。"禹指挥着,一并动身去查看湖水。

风静浪息,月光和水色交融在一起,湖面就像不用磨拭的铜镜,平滑光亮。夜晚,禹一伙人在湖边安营。突然,狂风骤起,乌云密布,众人惊慌不已,天上下起了暴雨,雷鸣声不绝于耳。禹见状,赶忙让大家聚在一起,形成一个圆形,以免走散。"凡人,竟敢来吾居之处!"空中突然传来雷鸣般的咆哮声,禹艰难地睁开眼睛望向空中,那里竟漂浮着一条白龙!鹿角、蛇鳞、凤爪、长身,是一条货真价实的白龙!禹的脸上布满了惊讶,可是还不等禹反应过来，那空中的白龙一个俯冲从禹的头顶掠过，强劲的风直接将禹刮飞，只见旁边湖中一个涟漪，禹掉进了湖里！

不知过了多久，禹缓缓睁开双眼，眼前是一片陌生的地方，禹惊坐起来，环顾四周，突然一道白色龙影出现在禹面前，只见那白影逐渐变小，最后化作人形。禹震惊了，他惊讶地张大了嘴巴，不知说些什么，因为此刻在他面前的那个人形生物，有着和鲧一样的面容。那人看着禹，脸上一抹难以言喻的表情闪过，随后他告诉禹，自己便是鲧。原来当年鲧偷天帝之物息壤治水，即将治退洪水，天帝担心世人怪罪于自己，便下令杀了鲧，并给世人留下了鲧治水懒惰的记忆。

鲧死后心有不甘，魂魄飞往东海，与一白龙共存一体，只为等待时机，再度治退洪水。如今见到

禹，鲧知道自己的夙愿能够得以实现了，便将禹带到自己藏身的湖中，告诉他一切，并助禹治水。可由于自己不便现身，只能将此地的位置告诉禹。

后来禹登此山观测地形，结合白龙鲧的信息，想到治水良策，终于治退了洪水，在部落赢得声名。

禹成为帝王后，将白龙藏身的水潭称为白龙兴云池，当年禹待过的那座山被盖北人称作夏盖山。后有人传说，山下的水池每年正月十五有白龙翻云覆雨，造福一方百姓。